云南建设学校
国家中职示范校建设成果

国家中职示范校建设成果系列实训教材

招投标与合同管理项目工作手册

刘海春　主编
林　云　主审

中国建筑工业出版社

图书在版编目（CIP）数据

招投标与合同管理项目工作手册/刘海春主编. —北京：中国建筑工业出版社，2014.11（2023.7重印）
国家中职示范校建设成果系列实训教材
ISBN 978-7-112-17033-3

Ⅰ.①招… Ⅱ.①刘… Ⅲ.①建筑工程-招标-中等专业学校-教材②建筑工程-投标-中等专业学校-教材③建筑工程-经济合同-管理-中等专业学校-教材 Ⅳ.①TU723

中国版本图书馆CIP数据核字（2015）第115476号

本书是《招投标与合同管理》课程的配套实训手册。本书共9个项目，分别为：模拟招标程序，招标控制价编制，模拟投标程序，确定投标价，招投标文件范本分组讨论提问，PKPM标书制作软件编制标书，施工合同编制，材料合同、劳务合同编制，索赔程序、索赔文件编制。

本书适用于中职和高职学校建设类相关专业学生，也可作为广大工程人员的自学材料。

* * *

责任编辑：聂 伟 陈 桦
责任设计：张 虹
责任校对：张 颖 党 蕾

云南建设学校国家中职示范校建设成果
国家中职示范校建设成果系列实训教材
招投标与合同管理项目工作手册
刘海春 主编
林 云 主审
*
中国建筑工业出版社出版、发行（北京西郊百万庄）
各地新华书店、建筑书店经销
北京红光制版公司制版
建工社（河北）印刷有限公司印刷
*
开本：787×1092毫米 1/16 印张：8 字数：195千字
2015年7月第一版 2023年7月第二次印刷
定价：**23.00**元
ISBN 978-7-112-17033-3
（25839）

国家中职示范校建设成果系列实训教材

编 审 委 员 会

序　言

提升中等职业教育人才培养质量，需要我们大力推动专业设置与产业需求、课程内容与职业标准、教学过程与生产过程“三对接”，积极推进学历证书和职业资格证书“双证书”制度，做到学以致用。

实现教学过程与生产过程的对接，全面提高学生素质、培养学生创新能力和实践能力，需要构造体现以教师为主导、以学生为主体、以实践为主线的中等职业教育现代教学方法体系。这就要求中等职业教育要从培养目标出发，运用理实一体化、目标教学法、行为导向法等教学方法，培养应用型、技能型人才。

但我国职业教育改革进程刚刚起步，以中等职业教育现代教学方法体系编写的教材较少，特别是体现理实一体化教学特点的实训教材非常缺乏，不能满足中等职业学校课程体系改革的要求。为了推动中等职业学校建筑类专业教学改革，作为国家中等职业教育改革发展示范学校的云南建设学校组织编写了《国家中职示范校建设成果系列实训教材》。

本套教材借鉴了国内外职业教育改革经验，注重学生实践动手能力的培养，涵盖了建筑类专业的主要专业核心课程和专业方向课程。本套教材按照住房和城乡建设部中等职业教育专业指导委员会最新专业教学标准和现行国家规范，以项目教学法为主要教学思路编写，并配有大量工程实例及分析，可作为全国中等职业教育建筑类专业教学改革的借鉴和参考。

由于时间仓促，水平和能力有限，本套教材还存在许多不足之处，恳请广大读者批评指正。

《国家中职示范校建设成果系列实训教材》编审委员会

2014年5月

前　言

本书根据中等职业教育建设类专业《招投标与合同管理》课程的核心内容及工程实践的需要，选取9个方面的内容，结合实际工程项目进行实训，培养学生运用理论知识解决实际问题的能力，达到深入理解相关知识的目的。

本书由云南建设学校刘海春主编，云南建设学校李剑锋、李爱萍参编。具体分工为：李剑锋编写项目1、项目3、项目5，刘海春编写项目2、项目4、项目6，李爱萍编写项目7～项目9。全书由云南建设学校林云主审。

由于编者水平有限，加之时间仓促，本书在编写过程中难免存在疏漏和不妥之处，恳请读者批评指正。

目　录

项目1　模拟招标程序

1.1　接受工作任务

1.1.1　项目概况

××市美丽乡村建设项目，招标项目内容包括：硬化主干道2条，长760m，均宽4.5m，厚0.2m；支道3条，长700m，均宽3.5m，厚0.2m；村内水沟建设400m；村内路灯20盏；绿化树种植200棵；绿化292.4m^2；建文化活动室100m^2；垃圾分类收集桶104个；标志牌1座。工程规模：约100万元。对投标人资质要求：具备房屋建筑或市政工程施工总承包三级以上资质（含三级），具有独立的企业法人资格并持有安全生产许可证。

现委托有资质的××招标代理公司进行施工招标，请根据资料完成招标工作流程的模拟实训。

1.1.2　项目工作流程

1. 设立招标组织或委托招标代理人；
2. 办理招标备案手续同时申报招标的有关文件；
3. 发布招标公告或投标邀请书；
4. 编制、发放资格预审文件，资格预审，确定合格的投标申请人；
5. 编制、发出招标文件和有关资料，同时收取投标保证金；
6. 招标人组织投标人踏勘现场，并对招标文件进行答疑；
7. 召开开标会议；
8. 组织评标；
9. 择优定标后发出中标通知书；
10. 中标结果公示；
11. 中标通知书备案；
12. 合同签署、备案。

1.1.3　工作准备

工程招标流程是指为某项工程建设或大宗商品买卖，邀请愿意承包或交易的厂商出价以从中选择承包或交易的行为。程序一般为：发布信息吸引潜在投标人投标，或选择邀请厂商，发给招标文件，并附上图纸或样品；投标单位按要求递交投标文件；然后在公证人员的见证下当众开标、评标，以全面符合条件者为中标人；最后双方签订承包或交易合同。

实训人员需事先熟悉项目招标的工作流程。

1.2 模拟招标程序

1.2.1 目的与要求

实训的目的是让学生对工程招投标的过程、形式和方法有较深的认识和理解，提高学生的学习积极性和学习目的性。要求学生主动参加，掌握招标、投标全过程及相关文件的内容，体验招投标过程中的实际场景。

1.2.2 资料与任务

资料：九部委2007年标准施工招标文件示范文本及其他相关的文本资料等。任务：用简单的工程、完善的流程、真实的场景，完成实际操作。

1.2.3 要点与流程

模拟招标代理公司进行招标，模拟整个招标过程中的主要场景。教师和所有学生参加实训，设立招标委员会，下设规则制定、仲裁、监督小组，评标小组，评标专家库三个机构。

招标过程以学生为主，教师从旁引导、提示。过程包括规则制定、招标要求、招标文件编制、开标、评标方法选择、评标等。要求学生从招标人角度思考招标过程中应注意的问题。在发布招标公告、工程量清单、拦标价时，必须由相关教师审查。

1.2.4 规范与依据

《招标投标法》及相关规定的要求如下：

1. 关于招标项目的规模标准

(1) 必须招标的工程建设项目范围

在中华人民共和国境内进行下列工程建设项目包括项目的勘察、设计、施工、监理以及与工程建设有关的重要设备、材料等的采购，必须进行招标：

1) 大型基础设施、公用事业等关系社会公共利益、公众安全的项目；

2) 全部或者部分使用国有资金投资或者国家融资的项目；

3) 使用国际组织或者外国政府贷款、援助资金的项目。

(2) 必须招标项目的规模标准

《工程建设项目招标范围和规模标准规定》规定的上述各类工程建设项目，包括项目的勘察、设计、施工、监理以及与工程建设有关的重要设备、材料等的采购，达到下列标准之一的，必须进行招标：

1) 施工单项合同估算价在200万元人民币以上的；

2) 重要设备、材料等货物的采购，单项合同估算价在100万元人民币以上的；

3) 勘察、设计、监理等服务的采购，单项合同估算价在50万元人民币以上的；

4) 单项合同估算价低于前3项规定的标准，但项目总投资额在3000万元人民币以上。

2. 关于招标的方式

我国《招标投标法》规定，招标方式分为公开招标、邀请招标。

公开招标是指招标人以招标公告的方式邀请不特定的法人或者其他组织投标。公开招标，又叫竞争性招标，即由招标人在报刊、电子网络或其他媒体上刊登招标公告，吸引众多企业单位参加投标竞争，招标人从中择优选择中标单位的招标方式。

邀请招标是指招标人以投标邀请的方式邀请特定的法人或其他组织投标。邀请招标，也称为有限竞争招标，是一种由招标人选择若干供应商或承包商，向其发出投标邀请，由被邀请的供应商、承包商参与投标竞争，从中选定中标者的招标方式。

1.2.5 项目工作页

专 业		授课教师	
工作项目	模拟招标程序	工作任务	模拟招标程序
知识准备	1. 招标分为________和________。招标人自行办理招标事宜应按规定向相关部门备案，委托代理招标事宜的应签订委托代理合同。 2. 实行公开招标的，应在国家或地方指定的报刊、信息网或其他媒介上发布____；实行邀请招标的应向____个以上符合资质条件的投标人发送投标邀请。 3. 采用资格预审的，编制________。 4. 资格审查时，招标人如需要对投标人的投标资格合法性和履约能力进行全面的考察，可通过资格预审的方式来进行审核。招标人可按有关规定编制资格预审文件并在发出 3 日前报招标投标监督机构审查，资格预审应当按有关规定进行评审，资格预审结束后将评审结果向相关机构备案。备案 3 日内招标投标监督机构没有提出异议，招标人可发出________，并通知所有不合格的投标人。 5. 开标时招标人依据招标文件规定的时间和地点，开启所有投标人按规定提交的投标文件，公开宣布投标人的名称、投标价格及招标文件中要求的其他主要内容。开标由______主持，邀请所有投标人代表和相关人员在招标投标监督机构监督下公开按程序进行。从发布招标文件之日起至开标的时间不得少于____天。 6. 评标是对投标文件的评审和比较，可以采用________或经评审的最低价中标法。 评标委员会根据招标文件规定的评标方法，借助计算机辅助评标系统对投标人的投标文件按程序要求进行全面、认真、系统地评审和比较后，确定出不超过______名合格中标候选人，并标明排列顺序。 评标委员会推荐中标候选人或直接确定中标人应当符合：①能够最大限度满足招标文件中规定的各项综合评价标准；②能够满足招标文件的实质性要求，并且经评审的投标价格最低，但________的除外。 7. ________是招标人根据招标文件要求和评标委员会推荐的合格中标候选人，也可授权评标委员会直接确定中标人。 8. 使用国有资金投资的项目，招标人应当确定排名第一的中标候选人为中标人。排名第一的中标候选人放弃中标，因不可抗力提出不能履行合同，或者招标文件中规定内容未满足的，招标人可以确定排名________的中标候选人为中标人，以此类推。所有推荐的中标候选人未被选中的，应重新组织招标。不得在未推荐的中标候选人中确定中标人。 招标人授权评标委员会直接确定中标人的应按排序确定排名第一的为中标人。 9. 中标人在________个工作日内与招标人按照招标文件和投标文件订立书面合同，签订合同________日内报招标投标监督机构备案			
工作过程	1. 设立招标组织或委托招标代理人 2. 办理招标备案手续同时申报招标的有关文件 3. 发布招标公告或投标邀请书 4. 编制、发放资格预审文件，资格预审，确定合格的投标申请人 5. 编制、发出招标文件和有关资料同时收取投标保证金 6. 招标人组织投标人踏勘现场，并对招标文件进行答疑 7. 召开开标会议 8. 组织评标 9. 择优定标后发出中标通知书 10. 中标结果公示 11. 中标通知书备案 12. 合同签署、备案			

续表

	你主要承担的工作内容：			
工作评价	序号	评价项目及权重	学生自评	组长评价
	1	工作纪律和态度（20分）		
	2	工作量（30分）		
	3	实践操作能力（30分）		
	4	团队协作能力（20分）		
	小计			
	1	自评互评（40分）		
	2	知识准备（30分）		
	3	小组成绩（30分）		
	总分			
教学反馈	1. 对该工作任务是否感兴趣？	□感兴趣	□一般	□不感兴趣
	2. 该工作任务的难易程度是：	□难	□一般	□简单
	3. 该工作任务安排的课时够吗？	□多了	□刚好	□不够
	4. 该工作任务你能完成吗？	□独立完成	□协作完成	□基本不会
	5. 你觉得这种学习方法怎么样？	□很好	□能适应	□不好
	6. 你觉得较难掌握的知识点，以及对教学组织的建议和意见			

项目 2　招标控制价编制

2.1　接受工作任务

2.1.1　项目概况

××市美丽乡村建设项目，招标项目内容包括：硬化主干道 2 条，长 760m，均宽 4.5m，厚 0.2m；支道 3 条，长 700m，均宽 3.5m，厚 0.2m；村内水沟建设 400m；村内路灯 20 盏；绿化树种 200 棵；绿化 292.4 m^2；建文化活动室 100m^2；垃圾分类收集桶 104 个；标志牌 1 座。

现委托有造价资质的××造价咨询公司编制本项目的招标控制价。

2.1.2　项目工作流程

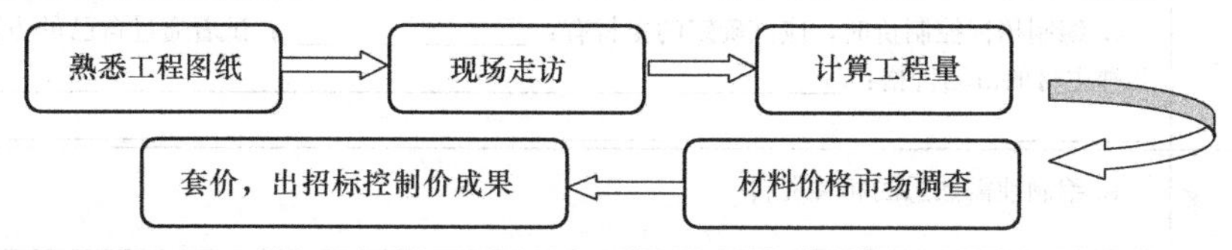

2.1.3　工作准备

招标控制价是招标人根据国家或省级行业建设主管部门颁发的有关计价依据和办法，以及拟定的招标文件和招标工程量，结合工程具体情况编制的招标工程的最高投标限价。

2.2　招标控制价编制

2.2.1　目的与要求

了解工程招投标时招标控制价的作用，知道清单计价模式下招标控制价的编制方法，成果文件包含的内容。

2.2.2　资料与任务

资料：图纸，现行定额，现行清单计价规范，当地现行计价文件，套价软件。任务：编制案例工程的招标控制价。

2.2.3　要点与流程

熟悉现行清单规范和定额，读懂施工图纸，清楚常规的施工方案，能正确计算工程量（工程量计算不是本课程重点，所以工程量计算不是本实训项目的内容），施工中涉及的主要材料价格，通过市场询价或查用当地《材料价格信息》，利用计算出的工程量，借助当地的套价软件（在市场上手工套价已经被淘汰）套价，调整，出报表。

2.2.4　规范与依据

本工程招标控制价编制时要求采用的规范与依据：

1. 本工程采用全费用综合单价清单计价模式编制招标控制价，工程量是依据建设单位提供的施工图纸进行计算，工程造价按《工程量清单计价规范》GB 50500—2013、云南省 2013 版《建筑工程消耗量定额》、《装饰工程消耗量定额》、《安装工程消耗量定额》、《市政工程消耗量定额》及现行相关配套的计价文件。

2. 需说明的其他内容

（1）标志牌、绿化树、绿化带等按暂估价计入，详见工程量清单及拦标价。

（2）材料价格参照近期《云南省价格信息》及当地现行市场价格计入。

3. 本工程的工程量清单见附录 1。

2.2.5 项目工作页

<table>
<tr><td>专业</td><td colspan="2"></td><td>授课教师</td><td></td></tr>
<tr><td>工作项目</td><td colspan="2">招标控制价编制</td><td>工作任务</td><td>根据工程量报表，
编制招标控制价</td></tr>
<tr><td>知识准备</td><td colspan="4">1. 招标控制价是指：____。
2. 目前市场上使用的套价软件有：________________________________。
3. 招标控制价编制成果文件应包含的报表有：____________________________
____。
4. 编制招标控制价时，应该确定的主材有：____________；试着通过自己的方法咨询其中几种主材的市场价格：________________________________
____</td></tr>
<tr><td>工作过程</td><td colspan="4">1. 编制前需熟悉的相关资料
____
____
2. 上机操作（成果根据当地实际情况）</td></tr>
<tr><td></td><td colspan="4">你主要承担的工作内容：</td></tr>
<tr><td rowspan="11">工作评价</td><td>序号</td><td>评价项目及权重</td><td>学生自评</td><td>组长评价</td></tr>
<tr><td>1</td><td>工作纪律和态度（20 分）</td><td></td><td></td></tr>
<tr><td>2</td><td>工作量（30 分）</td><td></td><td></td></tr>
<tr><td>3</td><td>实践操作能力（30 分）</td><td></td><td></td></tr>
<tr><td>4</td><td>团队协作能力（20 分）</td><td></td><td></td></tr>
<tr><td colspan="2">小计</td><td></td><td></td></tr>
<tr><td>1</td><td>自评互评（40 分）</td><td colspan="2"></td></tr>
<tr><td>2</td><td>知识准备（30 分）</td><td colspan="2"></td></tr>
<tr><td>3</td><td>小组成绩（30 分）</td><td colspan="2"></td></tr>
<tr><td colspan="2">总　分</td><td colspan="2"></td></tr>
<tr style="display:none"><td colspan="4"></td></tr>
<tr><td rowspan="6">教学反馈</td><td colspan="2">1. 对该工作任务是否感兴趣？</td><td colspan="2">□感兴趣　□一般　□不感兴趣</td></tr>
<tr><td colspan="2">2. 该工作任务的难易程度是：</td><td colspan="2">□难　□一般　□简单</td></tr>
<tr><td colspan="2">3. 该工作任务安排的课时够吗？</td><td colspan="2">□多了　□刚好　□不够</td></tr>
<tr><td colspan="2">4. 该工作任务你能完成吗？</td><td colspan="2">□独立完成　□协作完成　□基本不会</td></tr>
<tr><td colspan="2">5. 你觉得这种学习方法怎么样？</td><td colspan="2">□很好　□能适应　□不好</td></tr>
<tr><td colspan="2">6. 你觉得较难掌握的知识点，以及对教学组织的建议和意见</td><td colspan="2"></td></tr>
</table>

项目3　模拟投标程序

3.1　接受工作任务

3.1.1　项目概况

××市美丽乡村建设项目，招标项目内容包括：硬化主干道2条，长760m，均宽4.5m，厚0.2m；支道3条，长700m，均宽3.5m，厚0.2m；村内水沟建设400m；村内路灯20盏；绿化树种植200棵；绿化292.4m^2；建文化活动室100m^2；垃圾分类收集桶104个；标志牌1座。工程规模：约100万元，对投标人资质要求：具备房屋建筑或市政工程施工总承包三级以上资质（含三级），具有独立的企业法人资格并持有安全生产许可证。

现该工程招标公告已经发布，请根据资料分组模拟施工投标人进行投标竞标。

3.1.2　项目工作流程

1. 投标决策；
2. 向招标人申请资格审查文件；
3. 购买招标文件及相关资料并缴纳投标保证金；
4. 组织投标机构或委托投标代理人；
5. 标前调查、踏勘现场及参加投标预备会；
6. 核对工程量、编制施工规划、进行报价计算、编制投标文件；
7. 准备备忘录提要、交保证金；
8. 编制、递交投标文件；
9. 参加开标会议；
10. 收到中标通知书；
11. 合同签署、交履约担保。

3.1.3　工作准备

投标是投标人对招标人发出的某项目招标公告或邀请的响应。投标是投标人在同一招标人拟定文件的前提下，估价自身条件，按照招标文件的要求，编制对招标文件有实质性响应的投标文件，按时送达招标人，参与开标、询标答辩、获取中标（或落标）通知、签订合同的全过程。

实训人员应先熟悉项目投标的工作流程。

3.2 模拟投标程序

3.2.1 目的与要求

目的是让学生对工程招投标的过程、形式和方法有较深的认识和理解，提高学生的学习积极性和目的性。要求学生主动参加，掌握招标、投标全过程及相关文件的内容，体验招投标过程中的实际场景。

3.2.2 资料与任务

资料：施工图纸（建施图、结施图）、工程量清单、工程价格信息、招标文件、若干家企业的基本资料等。任务：模拟案例工程的投标程序。

3.2.3 要点与流程

模拟投标人进行投标竞争，要求全班分成四组，分别代表一家投标单位，组织投标报价班子，布置好每组成员各自的任务。

在编写投标文件之前要认真研究招标文件，尤其是评标细则，并参加现场踏勘，分析施工条件；认真填写招标文件所附的各种投标文件，尤其是需要签章的，一定要按要求完成，避免出现废标；投标文件编写完成后，要按照招标文件的要求进行分装、密封和签章。

3.2.4 规范与依据

《招标投标法》中的相关要求如下：

1. 投标人是响应招标、参加投标竞争的法人或者其他组织。

依法招标的科研项目允许个人参加投标的，投标的个人适用本法有关投标人的规定。

2. 投标人应当具备承担招标项目的能力；国家有关规定对投标人资格条件或者招标文件对投标人资格条件有规定的，投标人应当具备规定的资格条件。

3. 投标人应当按照招标文件的要求编制投标文件。投标文件应当对招标文件提出的实质性要求和条件做出响应。

招标项目属于建设施工的，投标文件的内容应当包括拟派出的项目负责人与主要技术人员的简历、业绩和拟用于完成招标项目的机械设备等。

4. 投标人应当在招标文件要求提交投标文件的截止时间前，将投标文件送达投标地点。招标人收到投标文件后，应当签收保存，不得开启。投标人少于三个的，招标人应当依照本法重新招标。

在招标文件要求提交投标文件的截止时间后送达的投标文件，招标人应当拒收。

5. 投标人在招标文件要求提交投标文件的截止时间前，可以补充、修改或者撤回已提交的投标文件，并书面通知招标人。补充、修改的内容为投标文件的组成部分。

6. 投标人根据招标文件载明的项目实际情况，拟在中标后将中标项目的部分非主体、非关键性工作进行分包的，应当在投标文件中载明。

7. 组织可以组成一个联合体，以一个投标人的身份共同投标。

联合体各方均应当具备承担招标项目的相应能力；国家有关规定或者招标文件对投标人资格条件有规定的，联合体各方均应当具备规定的相应资格条件。由同一专业的单位组成的联合体，按照资质等级较低的单位确定资质等级。

联合体各方应当签订共同投标协议，明确约定各方拟承担的工作和责任，并将共同投标协议连同投标文件一并提交招标人。联合体中标的，联合体各方应当共同与招标人签订合同，就中标项目向招标人承担连带责任。

招标人不得强制投标人组成联合体共同投标，不得限制投标人之间的竞争。

8. 投标人不得相互串通投标报价，不得排挤其他投标人的公平竞争，损害招标人或者其他投标人的合法权益。

投标人不得与招标人串通投标，损害国家利益、社会公共利益或者他人的合法权益。

禁止投标人以向招标人或者评标委员会成员行贿的手段谋取中标。

9. 投标人不得以低于成本的报价竞标，也不得以他人名义投标或者以其他方式弄虚作假，骗取中标。

3.2.5 项目工作页

专　业		授课教师	
工作项目	模拟投标程序	工作任务	模拟投标程序
知识准备	1. 投标决策主要包括哪三个方面的内容？ 2. 影响投标决策的因素有哪些？ 3. 有关投标保证金的要求有哪些？ 4. 投标保证金不予返还的情况有哪些？ 5. 什么是投标有效期？ 6. 关于投标文件的密封和标识的要求是什么？ 7. 投标文件有关修改和撤回的规定是什么？ 8. 签订合同的时间期限为多少？		
工作过程	1. 投标决策 2. 向招标人申请资格审查文件 3. 购买招标文件及相关资料并缴纳投标保证金 4. 组织投标机构或委托投标代理人 5. 标前调查、踏勘现场及参加投标预备会 6. 核对工程量、编制施工规划、进行报价计算、编制投标文件 7. 准备备忘录提要、交保证金 8. 编制、递交投标文件 9. 参加开标会议 10. 收到中标通知书 11. 合同签署、交履约担保		

续表

	你主要承担的工作内容：			
工作评价	序号	评价项目及权重	学生自评	组长评价
	1	工作纪律和态度（20分）		
	2	工作量（30分）		
	3	实践操作能力（30分）		
	4	团队协作能力（20分）		
	小计			
	1	自评互评（40分）		
	2	知识准备（30分）		
	3	小组成绩（30分）		
	总　分			
教学反馈	1. 对该工作任务是否感兴趣？		□感兴趣　□一般　□不感兴趣	
	2. 该工作任务的难易程度是：		□难　□一般　□简单	
	3. 该工作任务安排的课时够吗？		□多了　□刚好　□不够	
	4. 该工作任务你能完成吗？		□独立完成　□协作完成　□基本不会	
	5. 你觉得这种学习方法怎么样？		□很好　□能适应　□不好	
	6. 你觉得较难掌握的知识点，以及对教学组织的建议和意见			

项目4　确定投标价

4.1　接受工作任务

4.1.1　项目概况

××市美丽乡村建设项目，招标项目内容包括：硬化主干道2条，长760m，均宽4.5m，厚0.2m；支道3条，长700m，均宽3.5m，厚0.2m；村内水沟建设400m；村内路灯20盏；绿化树种植200棵；绿化292.4 m^2；建文化活动室100m^2；垃圾分类收集桶104个；标志牌1座。

投标单位已经得到图纸、招标文件、招标控制价，现场踏勘也已进行，施工方案已经确定，投标单位目前任务是根据招标文件中关于商务部分、评标部分的要求，编制施工图预算，得出企业成本价，确定投标价。

4.1.2　项目工作流程

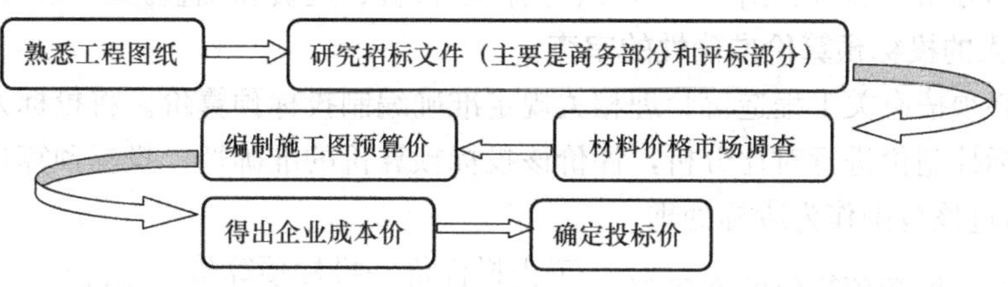

4.1.3　工作准备

投标价的编制主要是投标人对将要承建的工程所要发生的各种费用的预期计算。《建设工程工程量清单计价规范》规定：投标价是投标人投标时响应招标文件要求所报出的对已标价工程量清单汇总后标明的总价。

编制原则：①投标价由投标人自主确定，但必须执行《建设工程工程量清单计价规范》的强制性规定。投标价应由投标人或受其委托，具有相应资质的工程造价咨询人员编制。②投标人的投标报价不得低于成本。③投标报价要以招标文件中设定的承发包双方责任划分，作为考虑投标报价费用项目和费用计算的基础，承发包双方的责任划分不同，会导致合同风险不同的分摊，从而导致投标人选择不同的报价；根据工程承发包模式考虑投标报价的费用内容和计算深度。④以施工方案、技术措施等作为投标报价计算的基本条件；以反映企业技术和管理水平的企业定额作为计算人工、材料和机械台班消耗量的基本依据；充分利用现场考察、调研成果、市场价格信息和行情资料，编制基础标价。⑤报价计算方法要科学严谨，简明适用。

熟悉项目招标文件中关于商务标的编制要求，评标规则，知道施工图预算、企业成本核算、投标价分别如何确定？他们之间的关系如何？

4.2 投标价编制

4.2.1 目的与要求

按照项目招标文件中商务标的编制要求，评标规则，能够根据工程量清单编制出施工图预算、企业成本核算、投标价。

4.2.2 资料与任务

资料：招标文件、图纸、工程量清单（见附录1）、现行定额、现行清单计价规范、当地现行计价文件、套价软件。任务：确定案例工程的投标价。

4.2.3 要点与流程

明确施工图预算、企业成本核算、投标价三者之间的关系，会操作套价软件，实现三算之间的调整，最后出报表。

4.2.4 规范与依据

招标文件中相关部分的要求如下：

商务部分的评审：

投标人只有通过技术评审才能进入商务评审，商务部分的评审办法及内容如下：

在工程量清单计价模式下，商务标报价为完成招标文件所有工程量清单项目的全部费用，包括分部分项工程费、措施项目费、其他项目费、规费和税金。

1. 投标人的投标预算价准确性的审查

投标人必须按有关工程造价管理相关规定准确编制投标预算价。将投标人的投标预算价与工程招标控制价进行对比分析，评价该投标预算价的准确性，投标预算价的准确率在5%以内，超过该范围作为废标处理。

$$投标预算价的准确率=\frac{工程拦标价-投标预算价}{工程拦标价}\times 100\%$$

2. 投标人投标报价科学合理性的审查

（1）投标人根据编制的投标预算价，结合投标人自身情况编制出反映投标人真实情况的企业成本价，投标报价不得低于企业成本价。

（2）人工费的评审

考虑到充分维护生产工人的权益，人工费应以投标预算价的±5%为合理区间。

（3）机械费的评审

为便于计价，机械费下浮比例应以投标预算价的－8%～0为合理区间。

（4）管理费和利润的费率评审

管理费下浮比例应以投标预算价的－15%～0为合理区间。

利润下浮比例应以投标预算价的－30%～0为合理区间。

（5）主要材料价格的评审

对主要材料价格的评审，由评标委员会根据工程情况抽出不少于5种影响工程造价较大的材料（按材料合价由高到低顺序抽取）进行评审，对抽出的所报材料合价与综合参考值进行对比。

以入围的投标人所报预算价中材料合价扣除一个最高值、一个最低值后的算术平均值与工程项目拦标价的材料合价各按50%的比例得到的综合平均值作为综合平均参考值。

抽出材料中有80%（含80%）的材料单价来源有所依据，产地或厂家明确，并符合招标文件要求且所报材料合价与综合平均参考值相比：土建工程±10%以内为合理区间。

印章是否齐全（报价单位自行编制工程造价成果文件的，工程造价成果文件应加盖本单位公章及注册造价员从业章；委托工程造价咨询单位编制工程造价成果文件的，工程造价成果文件应当由工程造价咨询企业加盖有企业名称、资质等级及证书编号的执业印章，并由执行咨询业务的注册造价工程师签字、加盖执业印章，同时必须提供造价咨询委托协议书原件）。

投标人和投标价通过上述评审后为有效报价，方能参与计算中标基准价。

3. 投标价的顺序

投标价须通过上述评审后方为有效报价，方能参与计算中标基准价及排序。评标委员会应按以下原则排序：

（1）有效投标价是投标人为3家以上（含3家）时，则：

1）有效投标价的投标人算术平均值（精确到小数点后两位）为中标基准价，以投标价最接近中标基准价的投标排序第一，其他中标候选人以此类推。

2）排序时如出现2家投标价与中标基准价接近程度并列，则按以下原则确定排序：2家投标价与中标基准价接近程度一样（精确到小数点后两位），且同时高于中标基准价或同时低于中标基准价，则此2家投标人按技术评分（精确到小数点后两位）由高到低顺序确定排序；如2家投标人的技术评分（精确到小数点后两位）仍一样，则按投标文件的递交顺序抽签确定排序。

（2）有效投标价的投标人为2家，则投标报价低者为第一中标候选人，投标价高者为第二中标候选人。

（3）通过评审的投标人为1家则该投标人为唯一中标候选人。

（4）所有投标人均未通过商务评审，有效报价为0家时：评标委员会根据商务评标情况，必要时应对进入商务评审投标人的投标报价（包括分部分项工程量清单报价）科学合理性进行询标，并按优先推荐低价的原则确定第一中标候选人；经评标委员会询标，投标人投标报价（包括分部分项工程清单报价）缺乏科学合理性，但又不能合理说明或者提供相关证明资料的，应当重新招标，是否重新招标由招标单位现场以书面形式确定。

4.2.5 项目工作页

<table>
<tr><td>专业</td><td></td><td>授课教师</td><td></td></tr>
<tr><td>工作
项目</td><td>投标价的编制</td><td>工作任务</td><td>根据工程量报表，商务标评审要求编制预算书、企业成本核算书、投标报价</td></tr>
<tr><td>知识准备</td><td colspan="3">1. 根据招标文件相关要求、工程量清单、清单规范、现行定额，首先确定三算中的是________，接着确定的是________，最后确定的是________。
2. 投标价与招标控制价有什么关系？如何调整投标价才能既符合招标文件的要求，又满足投标单位的要求？
3. 如何根据预算价编制企业成本核算价？它与投标价的关系如何？
4. 如何根据企业成本核算价编制企业投标价？它与成本价有什么关系？如何符合招标文件的要求？
5. 如果成本核算价与投标价相等，这是否恰当。
6. 如果要求投标价要比拦标价优惠3%，分别编制预算书、企业成本核算书、投标价。</td></tr>
<tr><td>工作过程</td><td colspan="3">1. 编制前需熟悉的相关资料：
2. 上机操作。</td></tr>
</table>

续表

<table>
<tr><td rowspan="13">工作评价</td><td colspan="4">你主要承担的工作内容：</td></tr>
<tr><td>序号</td><td>评价项目及权重</td><td>学生自评</td><td>组长评价</td></tr>
<tr><td>1</td><td>工作纪律和态度（20 分）</td><td></td><td></td></tr>
<tr><td>2</td><td>工作量（30 分）</td><td></td><td></td></tr>
<tr><td>3</td><td>实践操作能力（30 分）</td><td></td><td></td></tr>
<tr><td>4</td><td>团队协作能力（20 分）</td><td></td><td></td></tr>
<tr><td colspan="2">小计</td><td></td><td></td></tr>
<tr><td>1</td><td>自评互评（40 分）</td><td colspan="2"></td></tr>
<tr><td>2</td><td>知识准备（30 分）</td><td colspan="2"></td></tr>
<tr><td>3</td><td>小组成绩（30 分）</td><td colspan="2"></td></tr>
<tr><td colspan="2">总　分</td><td colspan="2"></td></tr>
<tr><td colspan="4"></td></tr>
<tr><td colspan="4"></td></tr>
<tr><td rowspan="6">教学反馈</td><td colspan="2">1. 对该工作任务是否感兴趣？</td><td colspan="2">□感兴趣　□一般　□不感兴趣</td></tr>
<tr><td colspan="2">2. 该工作任务的难易程度是：</td><td colspan="2">□难　□一般　□简单</td></tr>
<tr><td colspan="2">3. 该工作任务安排的课时够吗？</td><td colspan="2">□多了　□刚好　□不够</td></tr>
<tr><td colspan="2">4. 该工作任务你能完成吗？</td><td colspan="2">□独立完成　□协作完成　□基本不会</td></tr>
<tr><td colspan="2">5. 你觉得这种学习方法怎么样？</td><td colspan="2">□很好　□能适应　□不好</td></tr>
<tr><td colspan="2">6. 你觉得较难掌握的知识点，以及对教学组织的建议和意见</td><td colspan="2"></td></tr>
</table>

项目5　招投标文件范本分组讨论提问

5.1　接受工作任务

5.1.1　项目概况

××市美丽乡村建设项目，招标项目内容包括：硬化主干道2条长760m，均宽4.5m，厚0.2m；支道3条，长700m，均宽3.5m，厚0.2m；村内水沟建设400m；村内路灯20盏；绿化树种植200棵；绿化292.4m^2；建文化活动室100m^2；垃圾分类收集桶104个；标志牌1座。

该工程招投标文件都已完成，根据附录2招标文件范本、附录3投标文件范本分组讨论并提问。

5.1.2　项目工作流程

1. 介绍本次分组讨论的目的和主题；
2. 由各组分别发表意见，安排专人记录；
3. 对讨论记录进行整理，总结评价。

5.1.3　工作准备

提前准备好讨论的材料，确定讨论的主题。

5.2　分组讨论

5.2.1　目的与要求

目的是让学生从招投标文件范本的讨论中，理解招投标法的精神，体会在招投标各个环节中招投标双方的参与情况。对工程招投标的过程、形式和方法有较深的认识和理解，提高学生的学习积极性和目的性。

5.2.2　资料与任务

学生阅读招标文件、投标文件范本，记录遇到的问题，确定讨论的问题，然后组织学生分组讨论。

5.2.3　要点与流程

要求全班分成4组，每次就一个问题进行讨论，各组成员将自己的意见汇总。

1. 从原有的知识和体验出发，设置有趣味性、知识性和层次性的问题，营造讨论情境。
2. 选择有价值的讨论话题，提高讨论的质量，可以先跟一些参加讨论的学生交流。
3. 让学生学会独立思考，团结协作。
4. 明确组内成员的分工。

5. 对学生提出的问题给予指导和建议。

5.2.4 规范与依据

1. 招标文件的编制要求

(1) 概述

招标文件是招标人向投标人提供的具体项目招投标工作的作业标准性文件。它阐明了招标工程的性质，规定了招标程序和规则、告知了订立合同的条件。招标文件既是投标人编制投标文件的依据，又是招标人组织招标工作，评标、定标的依据，也是招标人与中标人订立合同的基础。因此，招标文件在整个招标过程中起着至关重要的作用。招标人应十分重视编制招标文件的工作，并本着公平互利的原则，使招标文件严密、周到、细致、内容正确。编制招标文件是一项十分重要而又非常烦琐的工作，应有相关专家参加，必要时还要聘请咨询专家参加。

施工招标文件有示范文本供参考使用，其中大部分通用条款都可以直接套用，部分特征性条款则需要修改和补充。修改和补充的方法和要求是：紧贴招标项目的特征；符合现行的法律、法规规定；合理、明确地表达招标目的、程序和方法；直观、可操作性强；各条款的规定具有唯一性、准确性、无歧义性。

(2) 招标文件的组成

招标文件一般由5大部分构成，即：投标须知及投标须知前附表、合同条款及格式、工程建设标准、图纸及工程量清单、投标文件格式。

(3)《投标须知前附表》的填写及注意事项

1) 质量标准：国家强制性的质量标准为“合格”。

2) 招标范围：即本次招标的范围，是整个项目还只是其中的一部分，含不含桩基？含不含土方开挖？含不含电梯的采购和安装？等都要填写清楚。

3) 工期：国家的工期定额是行政管理部门按社会平均的生产水平和劳动强度测算出来的，其最大调整幅度为15%。招标工期应与定额工期的规定一致，如个别招标项目的工期要求因特殊原因小于定额工期时，则应在招标文件中明确告知投标人报价时考虑必要的赶工措施费。

4) 资金来源：填写投资的主体和构成。是国有投资还是民营投资？是全额国有投资还是国有投资只占其中的一部分比例？比例是多少？

5) 投标人资质等级要求：包括行业类别、资质类别、资质等级三部分。如是房建行业还是园林绿化行业？是总承包资质还是专业承包资质？是一级还是二级？另外还应写明对项目经理的资质等级的要求。

6) 资格审查方式：分资格预审和资格后审。如为资格后审，则要在评标办法中写清资格审查办法，评标程序中还要增加资格评审环节，资格评审应在技术标和商务标的评审之前进行。

7) 工程计价方式：综合单价法，如为修缮工程也可以采用预算定额法。

8) 投标有效期：招标文件应当规定一个适当的投标有效期，以保证招标人有足够的时间完成评标和与中标人签订合同。一般是60～120天。以保证招标人有足够的时间完成评标和与中标人签订合同。投标有效期从提交投标文件截止日起计算。

招标人一般应在评标委员会提交书面评标报告后15日内确定中标人，最长不得超过

30 日，招标人应自中标通知书以出之日起 30 日内，与中标人订立书面合同。

9）中标候选人公示时间

10）投标保证金

11）履约担保和支付担保

12）招标文件的发售

招标人发售资格预审文件和招标文件可适当收取成本费，资格预审文件最高不得超过 300 元，招标文件最高不得超过 800 元。

(4) 投标须知的编制及注意事项

1）招标文件的澄清及修改

招标人发出的对招标文件的澄清或修改应当在提交投标文件截止时间 15 天前以书面形式通知所有招标文件的收受人。按此规定，如招标人发出的对招标文件的修改是在提交投标文件截止时间 15 天之内，则开标时间应相应顺延，以保证投标人足够的投标准备时间。

2）投标文件的装订、密封和标记

对投标文件密封的要求应当尽量简洁、准确，不必过分强调一些细节的东西，不应偏离招投标活动的根本目的。因为我国当前现实情况是投标文件一般均是开标前由投标人带到开标现场并递交给招标人，几乎不存在提前开启的可能性。

3）废标条款

废标的出现，客观上对招投标的结果会产生很大的影响，是招投标双方的重大损失。

顾名思义，废标就是作废的投标，它既可以指作废的投标文件，也可以指被判定作废的投标行为。

建设部《关于加强房屋建筑和市政基础设施工程项目施工招标投标行政监督工作的若干意见》（建市［2005］208 号）规定，招标文件应当将投标文件存在重大偏差和应当废除投标的情形集中在一起进行表述。

《中华人民共和国招标投标法》规定了十一种按废标处理的情况：

① 未加盖投标人公章及未经其法定代表人或者其委托代理人签字或者盖章的；

② 未按招标文件规定的格式填写或者关键内容字迹难以辨认的；

③ 联合体投标未附联合体各方共同投标协议的；

④ 未按招标文件要求提交投标保证金的；

⑤ 投标人未通过资格后审的；

⑥ 以他人名义投标的；

⑦ 载明的招标项目完成期限超过招标文件规定期限的；

⑧ 附有招标人不能接受的条件的；

⑨ 两份以上投标文件内容雷同的；

⑩ 明显不符合技术规格、技术标准要求的；

⑪ 其他不符合招标文件实质要求，有重大偏差的。

(5) 投标不予受理

《工程建设项目施工招标投标办法》规定了两种不予受理的情形：

1）逾期送达或未送达指定地点的；

2）未按招标文件要求密封的。

不予受理的投标文件与废标的区别：废标，招标人必须在受理并经过一定的程序后才能被判定。不予受理的投标文件，从来就没有进入过评标的任何一个程序。

（6）开、评标程序

开、评标应按招标文件规定的程序进行，示范文本中关于开标和评标的规定中没有提及开标顺序，按目前××市招标办的规定，招标文件中应增加该部分内容。

（7）投标文件的澄清

招标文件范本第三部分投标人须知第28条规定了对投标文件澄清的几点要求。

（8）评标委员会

评标委员会成员人数为5人以上的单数，即7人、9人、11人，其中技术、经济等方面的专家不少于三分之二。

（9）评标报告

七部委十二号令《评标委员会和评标方法暂行规定》第四十二、四十三条规定：评标委员会完成评标后，应当向招标人提出书面评标报告，并抄送有关行政监督部门。

（10）澄清、说明、补正事项纪要

评标报告由评标委员会全体成员签字。对评标结论持有异议的评标委员会成员可以书面方式阐述其不同意见和理由。评标委员会成员拒绝在评标报告上签字且不陈述其不同意见和理由的，视为同意评标结论。评标委员会应当对此做出书面说明并记录在案。

2. 编制投标文件过程中应注意的问题

投标文件的编制必须在认真审阅和充分消化理解招标书中全部条款内容的基础上方可开始。投标文件编制过程中必须对招标文件规定的条款要求逐条做出响应，否则将被招标方视作有偏差或不响应导致扣分，严重的还将导致废标。

（1）投标书格式

投标书格式是投标文件中的灵魂，任何一个细节错误将可能会被视作废标，因此填写时应仔细谨慎。除了认真填写日期、标书编号外，应注重下列几点：投标总金额；投标文件有效期；工期；签署盖章。

（2）投标授权书

投标授权书是投标文件中一份不可缺少的重要法律文件，一般由所在公司或单位的法人授权给参加投标的人，阐明该授权人将代表法人参与和全权处理一切投标活动，包括投标书签字，与招标方进行标前或标后澄清等。投标授权书一般按招标文件规定的格式书写。在办理过程中其公证书日期应与授权书日期同日或在之后。

（3）投标保证金

投标保证金是为了保证投标人能够认真投标而设定的保证措施。投标保证金也是投标文件商务部分中缺一不可的重要文件。投标书中没有投标保证金，招标方将视作投标人无诚意投标而作废标处理。招标文件中规定了具体保证金金额，办理的方式主要有现金支票、银行汇票、银行保函或招标人规定的其他形式等，办理时要严格按照招标文件要求办理，以免导致废标。

（4）投标书附表齐全完整，内容均按规定填写。按照要求规定需提供证件复印件的，确保证件清晰可辨、有效；资格没有实质性下降，投标文件仍然满足并超过资格预审中的强制性标准（经验、人员、设备、财务等）。

（5）投标文件的互检，要多人、多次审查。在投标截止时间允许的情况下，不要急于密封投标文件，要多人、多次全面审查。

（6）投递标书应注意的问题

1）注意投标的截止时间。招标公告、招标文件、更正公告都详细地规定了投标的截止时间，一定要在规定的截止时间之前到指定地点送达投标文件，参加投标的人员在时间上一定要留有余地，并充分考虑天气、交通等情况，超过规定的截止时间的投标将作废标处理。

2）注意包封的符合性。由于地域不同、招标代理机构不同，对投标文件的密封要求也不相同，一定要按照招标文件的要求进行密封，对加盖印章有要求的，一定要按招标文件要求加盖有关印章。一些地方为了减少评标时的人为因素，规定进入评标室的技术标部分不得有任何标记，要求投标文件商务标部分与技术标分别装订、分别密封，并规定了技术标使用的字号、行距、字体、纸张型号等。对招标文件有此要求的，投标人在制作、装订和密封投标文件时，要加倍小心，没有按招标文件要求进行制作、装订、密封的投标文件，而作废标处理的经常发生，应引起大家的高度重视。

3）当一个招标文件分为多个标段（包）时，要注意不要错装、错投。一个招标文件分为多个标段（包）时，投标文件要按招标文件规定的形式装订。

5.2.5 项目工作页

专　业		授课教师	
工作项目	招投标文件范本分组讨论并提问	工作任务	招投标文件范本分组讨论并提问
知识准备	1. 招标文件包括哪些内容？ 2. 发包人可以推荐设备品牌吗？为什么？ 3. 投标人是否须无条件地接受招标文件的合同条款？ 4. 编制招标文件的合同条款应注意哪些问题？ 5. 招标人在招标文件中填写的工程量清单是什么？ 6. 招标文件必须要详细说明评标办法吗？ 7. 如何把招标人的要求，合理、合法地体现在招标文件中？ 8. 投标文件一般应由哪几部分组成？ 9. 编制投标文件应遵循哪些原则？ 10. 投标过程中容易出现废标的情况有哪些？		

续表

<table>
<tr><td>工作过程</td><td colspan="4">讨论的主题：
1. 工程招标和投标的流程是什么？
2. 公开招标和邀请招标，在文件方面有哪些不同之处？
3. 投标人获取招标信息的途径，报名阶段、购买招标文件、编写投标文件、提交投标保证金、签订合同时应注意的事项？
4. 如何防止废标？有哪些需要注意？
5. 招标文件中普遍存在的问题，范本中有没有出现？（如文档结构混乱、以往业绩与本项目没有关联性、没有设置页码等）</td></tr>
<tr><td rowspan="11">工作评价</td><td colspan="4">你主要承担的工作内容：</td></tr>
<tr><td>序号</td><td>评价项目及权重</td><td>学生自评</td><td>组长评价</td></tr>
<tr><td>1</td><td>工作纪律和态度（20 分）</td><td></td><td></td></tr>
<tr><td>2</td><td>工作量（30 分）</td><td></td><td></td></tr>
<tr><td>3</td><td>实践操作能力（30 分）</td><td></td><td></td></tr>
<tr><td>4</td><td>团队协作能力（20 分）</td><td></td><td></td></tr>
<tr><td colspan="2">小计</td><td></td><td></td></tr>
<tr><td>1</td><td>自评互评（40 分）</td><td colspan="2"></td></tr>
<tr><td>2</td><td>知识准备（30 分）</td><td colspan="2"></td></tr>
<tr><td>3</td><td>小组成绩（30 分）</td><td colspan="2"></td></tr>
<tr><td colspan="2">总　分</td><td colspan="2"></td></tr>
<tr><td rowspan="6">教学反馈</td><td colspan="2">1. 对该工作任务是否感兴趣？</td><td colspan="2">□感兴趣　□一般　□不感兴趣</td></tr>
<tr><td colspan="2">2. 该工作任务的难易程度是：</td><td colspan="2">□难　□一般　□简单</td></tr>
<tr><td colspan="2">3. 该工作任务安排的课时够吗？</td><td colspan="2">□多了　□刚好　□不够</td></tr>
<tr><td colspan="2">4. 该工作任务你能完成吗？</td><td colspan="2">□独立完成　□协作完成　□基本不会</td></tr>
<tr><td colspan="2">5. 你觉得这种学习方法怎么样？</td><td colspan="2">□很好　□能适应　□不好</td></tr>
<tr><td colspan="2">6. 你觉得较难掌握的知识点，以及对教学组织的建议和意见</td><td colspan="2"></td></tr>
</table>

项目 6　PKPM 标书制作软件编制标书

6.1　接受工作任务

6.1.1　项目概况

××市美丽乡村建设项目，招标项目内容包括：硬化主干道 2 条，长 760m，均宽 4.5m，厚 0.2m；支道 3 条，长 700m，均宽 3.5m，厚 0.2m；村内水沟建设 400m；村内路灯 20 盏；绿化树种植 200 棵；绿化 292.4m^2；建文化活动室 100m^2；垃圾分类收集桶 104 个；标志牌 1 座。

投标单位已经得到图纸、招标文件、拦标价，现场踏勘也已进行，目前的任务是根据招标文件中关于技术部分、评标部分的要求，编制投标文件技术部分。

6.1.2　项目工作流程

6.1.3　工作准备

熟悉项目招标文件中关于技术标的编制要求，评标规则，知道技术部分应包含的部分。

6.2　标书编制

6.2.1　目的与要求

按照项目招标文件中关于技术标的编制要求，评标规则，利用 PKPM 标书制作软件编制投标文件技术部分。

6.2.2　资料与任务

资料：项目图纸，招标文件，PKPM 标书制作软件。任务：借助软件编制出符合要求的投标文件技术部分。

6.2.3　要点与流程

明确投标文件的编制应该紧紧围绕招标文件的要求，投标文件技术部分包括文字阐述部分、施工现场平面布置图和施工进度图。熟悉图纸，了解现场情况后，先确定施工方案，然后编制施工组织设计，画图。

软件分为三个模块：标书制作模块、施工平面布置图模块、施工进度图模块。在熟悉界面的基础上，按照招标文件的要求编制。

6.2.4 规范与依据

招标文件中技术部分评审的要求如下：

（1）技术审查为通过性评审，采用百分制审查评分，本项目最低通过分数值为80分，80分以上（含80分）得分的投标通过技术评审。

1）施工技术方案审查评分（满分15分）

① 有施工技术、施工程序、施工大纲的得15分。

② 有施工技术但施工程序及施工大纲不全面的得12分。

③ 没有施工技术方案的不得分。

2）质量承诺及保证措施审查评分（满分15分）

① 质量承诺满足招标文件且有具体的违约责任承诺，对工程质量保证措施有阐述的得15分。

② 质量承诺满足招标文件且有具体的违约责任承诺，质量保证措施基本达到要求但存在一些问题的得12分。

③ 质量承诺满足招标文件，有违约责任承诺但不具体的不得分。

3）安全文明施工保证措施审查评分（满分15分）

① 投标人持有安全生产许可证书；投标书中有具体、完整、可行的安全文明施工实施保证措施，并符合国家、省、州（市）的有关规定的得15分。

② 投标人持有安全生产许可证书；投标书中有安全文明施工实施保证措施，并符合国家、省、州（市）的有关规定的得12分。

③ 安全生产许可证书或省级建设行政主管部门出具的证明的复印件未装订在投标书中，或原件未携带到开标现场核对；没有安全文明施工保证措施的，该项评审不得分。

安全生产许可证书或省级建设行政主管部门出具的证明的复印件应装订在投标书中，原件须携带到开标现场核对后方有效。

4）工期承诺及保证措施审查评分（满分15分）

① 工期承诺满足招标文件且有具体违约责任承诺，有合理的施工进度计划，且能保证工期的得15分。

② 工期承诺满足招标文件且有奖惩条件和有基本合理的施工进度计划的得12分。

③ 无施工进度计划的不得分。

5）施工主要工序审查评分（满分10分）

① 施工主要工序阐述明细、合理，主要工种施工方法得当且有针对性的得10分。

② 施工主要工序阐述、安排基本合理，有主要工种施工方法的得8分。

③ 施工主要工序未阐述、无安排，没有主要工种施工方法的不得分。

6）施工机械审查评分（满分10分）

① 投入的施工机械能满足施工要求，且搭配适当的得10分。

② 投入的施工机械基本能满足施工要求，但搭配不当的得8分。

③ 投入的施工主要机械不能满足工程要求的不得分。

7）项目管理人员配置审查评分（满分10分）

① 投标人拟定的注册建造师符合招标文件规定注册建造师的资格条件，注册建造师资质证书年检合格，项目管理人员配置针对工程实际且合理，能满足工程管理需要的得10分。

② 投标人拟定的注册建造师符合招标文件规定注册建造师的资格条件，注册建造师资质证书年检合格，项目管理人员配置基本合理，基本满足工程管理需要，但专业配置没有针对性的得8分。

③ 投标人拟定的注册建造师不符合招标文件规定注册建造师的资格条件，注册建造师资质证书年检不合格，对项目管理人员没有说明的不得分。

注册建造师资质证书复印件、有效证明资料复印件须装订在投标书中，原件应携带到开标现场检验，否则投标无效，且评分时不得分。

8）施工总平面图审查得分（满分10分）

① 施工总平面图布置合理的得10分。

② 施工总平面图布置存在明显问题的得8分。

③ 无施工总平面图布置的不得分。

（2）投标人有下列情形之一的应在最后得分中扣分；扣分后的分值为投标人是否通过技术评审的最终分值：

1）投标人或投标人拟定的注册建造师所承建的工程发生过重大质量事故，受国家、省、州（市）建设行政主管部门通报或处罚的，在通报或处罚有效期内每次投标扣5分；

2）投标人或投标人拟定的注册建造师所承建的工程发生过重大安全事故，受国家、省、州（市）建设行政主管部门通报或处罚的，在通报或处罚有效期内每次投标扣4分；

3）投标人或投标人拟定的注册建造师所承建的工程有违反建设法律、法规、规章行为，受国家、省、州（市）建设行政主管部门查处（包括通报、经济处罚、停工整顿）的，在处罚有效期内一次投标扣4分；

4）投标人或投标人拟定的注册建造师所承建的工程有其他建筑市场不良记录的，从每次不良记录生效之日起一年内每次投标扣4分，按次数累计扣分。

（3）评分要求和统计分数原则

1）评标委员会技术组评委应首先对各投标人的标书进行评审，并按招标文件规定分值评分，各分档评分中间不得用插入法评分。

2）技术部分评分中，各评委应自主评分并签字确认。各评委的评分应在评标委员会进行公示，某个评委对某投标文件评分分值低于（高于）所有评委对该投标文件评分分值去掉最高和最低分值的平均分值10分以上（含10分），该评委须向评标委员会做出明确解释，理由不充分的该评委应对其评分做修正，若拒不修正的，该评委对此投标文件的评分不得参与计算此投标文件的技术部分得分。

3）统计分数原则：当评委有效评分份数3份以上（含3份）时，去掉最高和最低评分后计算平均分值为投标人技术部分的得分；当评委有效评分份数少于3份时，计算算术平均值为投标人的技术部分得分（保留小数点后两位）。

4）若所有投标文件均未通过技术部分评审的，由评标委员会集体研究决定。

6.2.5 项目工作页

<table>
<tr><td>专　业</td><td colspan="2"></td><td>授课教师</td><td></td></tr>
<tr><td>工作项目</td><td colspan="2">PKPM标书制作软件
编制标书</td><td>工作任务</td><td>编制标书技术部分</td></tr>
<tr><td>知识准备</td><td colspan="4">1. 标书的编制主要依据__________要求。
2. 目前，大理地区的投标文件主要包括的三个部分为：________、________、________。
3. 项目4编制的是投标书中的________部分。
4. PKPM标书制作软件可以帮助编制投标书中的________部分和______部分。
5. PKPM标书制作软件中编制施工组织设计的优势是：______________________________
____
____
6. PKPM标书制作软件中绘图部分的优势是：______________________________
____
____
7. 若没有PKPM标书制作软件，还可以用来编制标书的方法有：____________________
____
____</td></tr>
<tr><td>工作过程</td><td colspan="4">1. 熟悉PKPM标书制作软件中的标书制作模块；
2. 熟悉PKPM标书制作软件中的施工平面布置图制作模块；
3. 熟悉PKPM标书制作软件中的施工进度图制作模块</td></tr>
<tr><td rowspan="11">工作评价</td><td colspan="4">你主要承担的工作内容：</td></tr>
<tr><td>序号</td><td>评价项目及权重</td><td>学生自评</td><td>组长评价</td></tr>
<tr><td>1</td><td>工作纪律和态度（20分）</td><td></td><td></td></tr>
<tr><td>2</td><td>工作量（30分）</td><td></td><td></td></tr>
<tr><td>3</td><td>实践操作能力（30分）</td><td></td><td></td></tr>
<tr><td>4</td><td>团队协作能力（20分）</td><td></td><td></td></tr>
<tr><td colspan="2">小计</td><td></td><td></td></tr>
<tr><td>1</td><td>自评互评（40分）</td><td colspan="2"></td></tr>
<tr><td>2</td><td>知识准备（30分）</td><td colspan="2"></td></tr>
<tr><td>3</td><td>小组成绩（30分）</td><td colspan="2"></td></tr>
<tr><td colspan="2">总　分</td><td colspan="2"></td></tr>
<tr><td rowspan="6">教学反馈</td><td colspan="2">1. 对该工作任务是否感兴趣？</td><td colspan="2">□感兴趣　□一般　□不感兴趣</td></tr>
<tr><td colspan="2">2. 该工作任务的难易程度是：</td><td colspan="2">□难　□一般　□简单</td></tr>
<tr><td colspan="2">3. 该工作任务安排的课时够吗？</td><td colspan="2">□多了　□刚好　□不够</td></tr>
<tr><td colspan="2">4. 该工作任务你能完成吗？</td><td colspan="2">□独立完成　□协作完成　□基本不会</td></tr>
<tr><td colspan="2">5. 你觉得这种学习方法怎么样？</td><td colspan="2">□很好　□能适应　□不好</td></tr>
<tr><td colspan="2">6. 你觉得较难掌握的知识点，以及对教学组织的建议和意见</td><td colspan="2"></td></tr>
</table>

项目7　施工合同编制

7.1　接受工作任务

7.1.1　项目概况

××市美丽乡村建设项目，招标项目内容包括：硬化主干道2条，长760m，均宽4.5m，厚0.2m；支道3条，长700m，均宽3.5m，厚0.2m；村内水沟建设400m；村内路灯20盏；绿化树种植200棵；绿化292.4m^2；建文化活动室100m^2；垃圾分类收集桶104个；标志牌1座。工程规模：约100万元，对投标人资质要求：具备房屋建筑或市政工程施工总承包三级以上资质（含三级），具有独立的企业法人资格并持有安全生产许可证。

现××施工单位已经收到中标通知书，请根据资料完成施工合同的编制。

7.1.2　项目工作流程

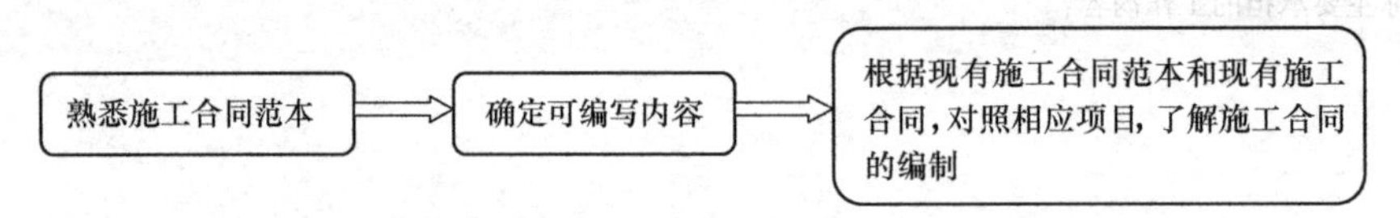

7.1.3　工作准备

熟悉施工合同的相关概念及施工合同的构成。

7.2　施工合同编制

7.2.1　目的与要求

按照施工合同的编制要求，对照施工合同范本，能够根据项目的不同特点独立编制施工合同。

7.2.2　资料与任务

借助施工合同范本（附录4），结合当地实际情况，针对案例工程，编制出符合要求的施工合同。

7.2.3　要点与流程

明确施工合同应包含的内容，施工合同范本中的可填写项目，固定项目，可增加项目。

7.2.4　规范与依据

《中华人民共和国建筑法》、《中华人民共和国合同法》、《建筑安装工程承包合同条例》以及当地现行相关法规。

7.2.5 项目工作页

<table>
<tr><td>专　业</td><td></td><td>授课教师</td><td></td></tr>
<tr><td>工作项目</td><td>施工合同编制</td><td>工作任务</td><td>编制施工合同</td></tr>
<tr><td>知识准备</td><td colspan="3">一、单项选择题
（　　）1.《施工合同文本》由三部分组成，其中不包括______。
A.《协议书》　　B.《通用条款》
C.《专用条款》　　D.《工程质量保修书》
（　　）2. 施工合同示范文本规定，当合同文件发生矛盾时，应按顺序进行解释。下列排序中正确的是______。
A. 合同协议书、通用条款、专用条款
B. 中标通知书、专用条款、协议书
C. 中标通知书、专用条款、投标书
D. 中标通知书、专用条款、标准
（　　）3. 施工合同的组成文件中，结合项目特点针对通用条款内容进行补充或修正，使之与通用条款共同构成对某一方面问题内容完备约定的文件是______。
A. 协议书　　B. 专用条款
C. 标准条款　　D. 质量保修书
二、多项选择题
（　　）1.《施工合同文本》的 3 个附件分别是______。
A.《通用条款》
B.《承包人承揽工程一览表》
C.《发包人供应材料一览表》
D.《工程质量保修书》
E.《专用条款》
（　　）2. 组成建设工程施工合同的文件包括______。
A. 施工合同协议书
B. 建筑工程分包合同
C. 中标通知书
D. 投标书及其附件
E. 合同履行过程中的变更协议
（　　）3. 施工合同中，可以约定合同价款的方式有______。
A. 按固定价格合同约定
B. 按可调价格合同约定
C. 按固定单位合同约定
D. 按可调单价合同约定
E. 按成本加酬金合同约定</td></tr>
<tr><td>工作过程</td><td colspan="3">1. 熟悉附录 4 施工合同范本；
2. 分析可编写项目；
3. 根据实际编制相应的施工合同内容</td></tr>
</table>

续表

工作评价	你主要承担的工作内容：			
	序号	评价项目及权重	学生自评	组长评价
	1	工作纪律和态度（20分）		
	2	工作量（30分）		
	3	实践操作能力（30分）		
	4	团队协作能力（20分）		
	小计			
	1	自评互评（40分）		
	2	知识准备（30分）		
	3	小组成绩（30分）		
	总　分			
教学反馈	1. 对该工作任务是否感兴趣？	□感兴趣	□一般	□不感兴趣
	2. 该工作任务的难易程度是：	□难	□一般	□简单
	3. 该工作任务安排的课时够吗？	□多了	□刚好	□不够
	4. 该工作任务你能完成吗？	□独立完成	□协作完成	□基本不会
	5. 你觉得这种学习方法怎么样？	□很好	□能适应	□不好
	6. 你觉得较难掌握的知识点，以及对教学组织的建议和意见			

项目8　材料合同、劳务合同编制

8.1　接受工作任务

8.1.1　项目概况

××市美丽乡村建设项目，招标项目内容包括：硬化主干道2条，长760m，均宽4.5m，厚0.2m；支道3条，长700m，均宽3.5m，厚0.2m；村内水沟建设400m；村内路灯20盏；绿化树种植200棵；绿化292.4m^2；建文化活动室100m^2；垃圾分类收集桶104个；标志牌1座。

××施工单位已经签订了施工合同，要进场组织施工，现在考虑签订材料采购合同、劳务合同。

8.1.2　项目工作流程

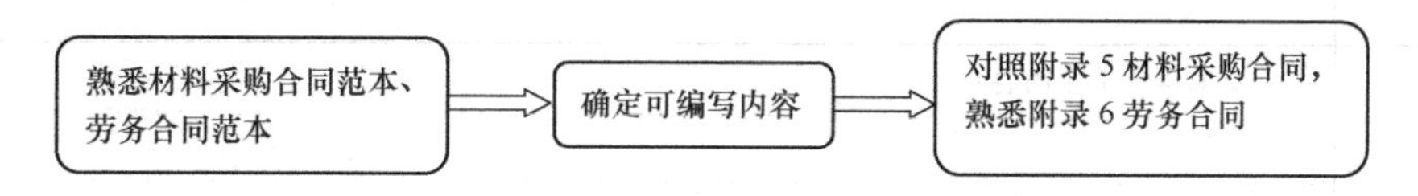

8.1.3　工作准备

熟悉材料合同和劳务合同的相关概念，材料合同范本、劳务合同的构成，并熟悉项目情况。

8.2　材料合同、劳务合同编制

8.2.1　目的与要求

按照材料合同、劳务合同的编制要求，对照材料采购合同范本、劳务合同范本，能够针对不同的项目编制不同的材料合同和劳务合同。

8.2.2　资料与任务

资料：采购合同范本（见附录5），劳务合同范本（见附录6）。任务：编制案例工程的材料合同、劳务合同。

8.2.3　要点与流程

明确建筑材料采购合同与劳务合同包含的内容，根据项目实际情况，对照建筑材料采购合同范本、劳务合同范本，逐项填写相应内容。

8.2.4　规范与依据

《中华人民共和国建筑法》、《中华人民共和国合同法》、《建筑安装工程承包合同条例》以及当地现行相关法规。

8.2.5　项目工作页

专　业		授课教师	
工作项目	材料合同、劳务合同编制	工作任务	编制建筑材料采购合同、劳务合同

知识准备

一、填空题

1. 建筑材料的采购方式有________、________、________。

2. 建筑材料采购合同的主要内容有________、数量、________、________、价格、________、________、特殊条款。

3. 劳务合同的总纲主要包括________、地点、代表姓名、________、人数、人员、工资________、________、________、________、________、________、________、________、________、________、仲裁等条款。

二、单项选择题

（　　）1. 建筑材料的外观、品种、型号、规格不符合合同规定的，需方应在到货后________天内提出书面异议。

A. 5　B. 10　C. 15　D. 30

（　　）2. 劳务派遣单位违反《劳动合同法》规定，使被派遣劳动者受到损害时，劳务派遣单位与用工单位承担（　　）赔偿责任。

A. 共同　B. 连带　C. 按份　D. 违约

工作过程

1. 熟悉建筑材料采购合同和劳务合同；
2. 分析建筑材料采购合同实例和劳务合同实例；
3. 对照附录 5，熟悉附录 6，体会材料合同和劳务合同的编制方法和注意事项

你主要承担的工作内容：

工作评价

序号	评价项目及权重	学生自评	组长评价
1	工作纪律和态度（20 分）		
2	工作量（30 分）		
3	实践操作能力（30 分）		
4	团队协作能力（20 分）		
	小计		
1	自评互评（40 分）		
2	知识准备（30 分）		
3	小组成绩（30 分）		
	总　分		

教学反馈

1. 对该工作任务是否感兴趣？	□感兴趣　□一般　□不感兴趣
2. 该工作任务的难易程度是：	□难　□一般　□简单
3. 该工作任务安排的课时够吗？	□多了　□刚好　□不够
4. 该工作任务你能完成吗？	□独立完成　□协作完成　□基本不会
5. 你觉得这种学习方法怎么样？	□很好　□能适应　□不好
6. 你觉得较难掌握的知识点，以及对教学组织的建议和意见	

项目 9　索赔程序、索赔文件编制

9.1　接受工作任务

9.1.1　项目概况

××市美丽乡村建设项目，招标项目内容包括：硬化主干道 2 条，长 760m，均宽 4.5m，厚 0.2m；支道 3 条，长 700m，均宽 3.5m，厚 0.2m；村内水沟建设 400m；村内路灯 20 盏；绿化树种植 200 棵；绿化 292.4m^2；建文化活动室 100m^2；垃圾分类收集桶 104 个；标志牌 1 座。

在施工过程中，现场发生以下事件：①主干道建设过程中，路旁村民门前台阶施工；②水沟建设过程中，原有水沟清除垃圾；③绿化树种植数量增加，树种变化；④配合上级检查，增加零星用工；⑤工程内容增加。

9.1.2　项目工作流程

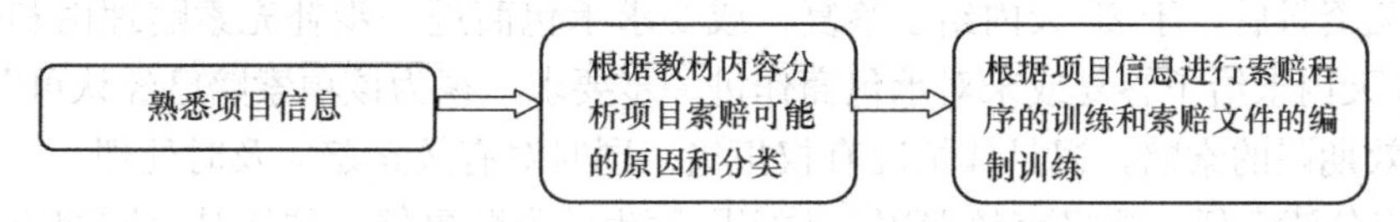

9.1.3　工作准备

熟悉索赔的相关概念，索赔的原因和分类，索赔的依据和程序，索赔文件的编制。

9.2　索赔文件编制

9.2.1　目的与要求

按照项目信息和索赔的相关知识，能够根据项目提出索赔要求并根据索赔的程序进行索赔，编制相关索赔文件。

9.2.2　资料与任务

资料：招标文件，投标文件，项目合同，现场签证，相关政策法规、计价文件。任务：编制案例工程的索赔文件。

9.2.3　要点与流程

分析项目信息，找出索赔的原因和索赔的种类，根据相应的索赔依据和程序进行索赔练习并编制相应的索赔文件。

9.2.4　规范与依据

《中华人民共和国建筑法》、《中华人民共和国合同法》、《建筑安装工程承包合同条例》以及当地现行相关法规。摘录部分内容如下：

1. 索赔的概念和分类

(1) 概念

建设工程索赔通常是指在工程合同履行过程中，合同当事人一方因对方不履行或未能正确履行合同或者由于其他非自身因素而受到经济损失或权利损害，通过合同规定的程序向对方提出经济或时间补偿要求的行为。

(2) 按索赔目的分类

1) 工期索赔：工期索赔是受损失一方向应承担责任的另一方要求延长工期，在原定的工程竣工日期的基础上顺延一段合理时间。

2) 经济索赔：经济索赔就是受损失一方向应承担责任的另一方要求补偿不应该由其承担的经济损失或额外开支，也就是取得合理的经济补偿。

2. 工程索赔的处理

(1) 应以合同为依据，处理索赔时必须做到有理有据；必须注意资料的收集，对资料的真实性、可信度进行认定后及时地处理索赔；在具体处理索赔的过程中，一定要仔细分析，什么时候应该进行工期索赔，什么时候应该进行费用索赔。

(2) 在处理索赔事件时应进行时效检查，我国《建设工程施工合同》［示范文本(GF—1999—0201)］参照国际上通用的FIDIC合同条件对索赔的时效作了如下规定："索赔发生28天内，向工程师发出索赔意向通知；发出索赔意向通知后28天内，向工程师提出追加合同价款或延长工期的索赔报告及有关资料；工程师在收到承包商送交的索赔报告和有关资料后，于28天内给予签复，或要求承包商进一步补充索赔理由和证据。工程师在28天内未给予答复或未对承包商作进一步要求，视为该项索赔已经认可"。对于超出规定时效期限的索赔，视具体情况有权拒绝。同时对有效索赔应及时处理。

(3) 应分清责任，严格审核费用。对实际发生的索赔事件，往往是合同双方均负有责任，对此要查明原因，分清责任，并根据合同规定的计价方式进行审核，以确定合同双方应承担的费用。

(4) 应在工作中加强主动控制，减少工程索赔。这就要求业主在工程管理过程中，应当尽量将工作做在前面，减少索赔事件的发生。这样能够使工程更顺利地进行，降低工程投资，减少施工工期。

3. 索赔的计算

(1) 工期索赔

1) 网络分析法：通过分析延误前后的施工网络计划，比较两种计算结果，计算出工程应顺延的工期。

2) 比例分析法：通过分析增加或减少的单项工程量（工程造价）与合同总量（合同总造价）的比值，推断出增加或减少的工期。

3) 其他方法：工程现场施工中，可以根据索赔事件的实际增加天数确定索赔工期；通过发包方与承包方协议确定索赔工期。

(2) 费用索赔

1) 总费用法：又称为总成本法，通过计算出某项工程的总费用，减去该项工程的合同费用，剩余费用即为索赔费用。

2) 分项法：按工程造价的确定方法，逐项进行工程费用索赔，可分为：人工费、机械费、管理费、利润、材料费、保险费、设备费等费用。

9.2.5 项目工作页

<table>
<tr><td>专　业</td><td></td><td>授课教师</td><td></td></tr>
<tr><td>工作项目</td><td>熟悉索赔程序、索赔文件编制</td><td>工作任务</td><td>练习索赔程序、
编制索赔文件</td></tr>
<tr><td>知识准备</td><td colspan="3">一、单项选择题
（　　）1. 承包人在索赔事项发生后的____d以内，应向工程师正式提出索赔意向通知。
A. 14　B. 7　C. 28　D. 21
（　　）2. 下列关于建设工程索赔的说法，正确的是____。
A. 承包人可以向发包人索赔，发包人不可以向承包人索赔
B. 索赔按处理方式的不同分为工期索赔和费用索赔
C. 工程师在收到承包人送交的索赔报告的有关资料后28d未予答复或未对承包人作进一步要求，视为该项索赔已经被认可
D. 索赔意向通知发出后的14d内，承包人必须向工程师提交索赔报告及有关资料
（　　）3. 索赔是指在合同的实施过程中，____因对方不履行或未能正确履行合同所规定的义务或未能保证承诺的合同条件实现而遭受损失后，向对方提出的补偿要求。
A. 业主方　B. 第三方　C. 承包商　D. 合同中的一方
（　　）4. 在施工过程中，由于发包人或工程师指令修改设计、修改实施计划、变更施工顺序，造成工期延长和费用损失，承包商可提出索赔。这种索赔属于____引起的索赔。
A. 地质条件的变化　B. 不可抗力
C. 工程变更　D. 业主风险
（　　）5. ____是索赔处理的最主要依据。
A. 合同文件　B. 工程变更　C. 结算资料　D. 市场价格
（　　）6. 下列关于索赔和反索赔的说法，正确的是____。
A. 索赔实际上是一种经济惩罚行为
B. 索赔和反索赔具有同时性
C. 只有发包人可以针对承包人的索赔提出反索赔
D. 索赔单指承包人向发包人的索赔
二、多项选择题
（　　）承包商可以就____事件的发生向业主提出索赔。
A. 施工中遇到地下文物被迫停工
B. 施工机械大修，误工3天
C. 材料供应商延期交货
D. 业主要求提前竣工，导致工程成本增加
E. 设计图纸错误，造成返工</td></tr>
<tr><td>工作过程</td><td colspan="3">1. 熟悉第9.1.1节中所给项目信息；
2. 找出可索赔的原因，并对索赔进行分类；
3. 找出索赔的依据；
4. 根据索赔程序进行索赔练习；
5. 对照所给项目的索赔文件，练习编制索赔文件</td></tr>
</table>

续表

<table>
<tr><td rowspan="11">工作评价</td><td colspan="4">你主要承担的工作内容：</td></tr>
<tr><td>序号</td><td>评价项目及权重</td><td>学生自评</td><td>组长评价</td></tr>
<tr><td>1</td><td>工作纪律和态度（20分）</td><td></td><td></td></tr>
<tr><td>2</td><td>工作量（30分）</td><td></td><td></td></tr>
<tr><td>3</td><td>实践操作能力（30分）</td><td></td><td></td></tr>
<tr><td>4</td><td>团队协作能力（20分）</td><td></td><td></td></tr>
<tr><td colspan="2">小计</td><td></td><td></td></tr>
<tr><td>1</td><td>自评互评（40分）</td><td colspan="2"></td></tr>
<tr><td>2</td><td>知识准备（30分）</td><td colspan="2"></td></tr>
<tr><td>3</td><td>小组成绩（30分）</td><td colspan="2"></td></tr>
<tr><td colspan="2">总　分</td><td colspan="2"></td></tr>
<tr><td rowspan="6">教学反馈</td><td colspan="2">1. 对该工作任务是否感兴趣？</td><td colspan="2">□感兴趣　□一般　□不感兴趣</td></tr>
<tr><td colspan="2">2. 该工作任务的难易程度是：</td><td colspan="2">□难　□一般　□简单</td></tr>
<tr><td colspan="2">3. 该工作任务安排的课时够吗？</td><td colspan="2">□多了　□刚好　□不够</td></tr>
<tr><td colspan="2">4. 该工作任务你能完成吗？</td><td colspan="2">□独立完成　□协作完成　□基本不会</td></tr>
<tr><td colspan="2">5. 你觉得这种学习方法怎么样？</td><td colspan="2">□很好　□能适应　□不好</td></tr>
<tr><td colspan="2">6. 你觉得较难掌握的知识点，以及对教学组织的建议和意见</td><td colspan="2"></td></tr>
</table>

附录1　××市美丽乡村建设项目工程量清单

工程名称：××市美丽乡村建设项目

序号	细目编码	细目名称	细目特征	计量单位	工程量
1		文化活动室			
2	010101001001	平整场地	土壤类别：按三类计	m^2	145.891
3	010101003001	挖基础土方	1. 土壤类别：三类土；2. 基础类型：独立基础；3. 挖土深度：详见图纸	m^3	122.148
4	010103001201	基础土石方回填	夯填（碾压）	m^3	71.393
5	010103001001	室内土石方回填	夯填（碾压）	m^3	42
6	010101003002	外运土方	弃土运距：3km	m^3	8.755
7	010302001001	1/2砖厚实心砖直形墙	1. 砖品种、规格、强度等级：MU10普通黏土砖240mm×115mm×53mm；2. 墙体类型：砖墙；3. 墙体厚度：120mm；4. 砂浆强度等级、配合比：M5.0混合砂浆	m^3	2.607
8	010302001201	1砖厚实心直形墙	1. 砖品种、规格、强度等级：MU10普通黏土砖240mm×115mm×53mm；2. 墙体类型：砖墙；3. 墙体厚度：240mm；4. 砂浆强度等级、配合比：M5.0混合砂浆	m^3	22.01
9	010302001002	1/2砖厚实心砖直形墙（女儿墙）	1. 砖品种、规格、强度等级：MU10普通黏土砖240mm×115mm×53mm；2. 墙体类型：砖墙；3. 墙体厚度：120mm；4. 砂浆强度等级、配合比：M5.0混合砂浆	m^3	4.267
10	010306002001	砖地沟	做法详见：西南11J812-3-2a	m	66.04
11	010401002201	钢筋混凝土独立基础	1. 混凝土强度等级：C30；2. 混凝土拌合料要求：现浇	m^3	39.169
12	010402001001	现浇混凝土矩形构造柱	1. 混凝土强度等级：C25；2. 混凝土拌合料要求：现浇	m^3	0.64
13	010402001201	现浇混凝土矩形柱周长1.8m以内	1. 柱截面尺寸：400mm×400mm；2. 混凝土强度等级：C25；3. 混凝土拌合料要求：现浇	m^3	10.08

续表

序号	细目编码	细目名称	细目特征	计量单位	工程量
14	010403001001	现浇混凝土基础梁	1. 梁底标高：详见图纸；2. 梁截面：详见图纸；3. 混凝土强度等级：C25；4. 混凝土拌合料要求：现浇	m^3	11.408
15	010403005001	现浇混凝土过梁	1. 梁底标高：详见图纸；2. 梁截面：详见图纸；3. 混凝土强度等级：C25；4. 混凝土拌合料要求：现浇	m^3	0.099
16	010405001001	厚度 10cm 以内现浇混凝土有梁板	1. 板底标高：详见图纸；2. 板厚度：120mm；3. 混凝土强度等级：C25；4. 混凝土拌合料要求：现浇	m^3	29.665
17	010416001001	现浇混凝土钢筋 ϕ10 内圆钢	钢筋种类、规格：ϕ10 内圆钢	t	3.377
18	010416001002	砖砌体加固钢筋	钢筋种类、规格：砖砌体加固钢筋	t	0.219
19	010416001101	现浇混凝土钢筋 ϕ10 外圆钢	钢筋种类、规格：ϕ10 外圆钢	t	0.24
20	010416001201	现浇混凝土钢筋带肋钢	钢筋种类、规格：带肋钢	t	6.637
21	010407002001	现浇混凝土散水	做法详见：西南 11J812-4-1	m^2	34.224
22	010702003101	屋面工程	做法详见：西南 11J201-1-2106b	m^2	130.552
23	01B001	屋面防水层	1. 高分子防水卷材；2. 一布二涂防水层	m^2	160.186
24	010702004201	屋面塑料排水管	屋面塑料排水管：暂估 1m	m	1
25	020101001001	水泥砂浆楼地面（走廊）	1. 垫层材料种类、厚度：100mm 厚 C10 混凝土；2. 面层厚度、砂浆配合比：20mm 厚 1∶2 水泥砂浆	m^2	37.952
26	020102002101	陶瓷地砖块料楼地面	1. 垫层材料种类、厚度：100mm 厚 C10 混凝土；2. 找平层厚度、砂浆配合比：20mm 厚 1∶2 水泥砂浆找平层；3. 面层材料品种、规格：600mm×600mm 陶瓷地砖	m^2	3.11
27	020104002001	木地板	1. 垫层材料种类、厚度：100mm 厚 C10 混凝土；2. 找平层厚度、砂浆配合比：20mm 厚 1∶2 水泥砂浆找平层；3. 面层材料品种、规格木地板，木踢脚线	m^2	89.406

续表

序号	细目编码	细目名称	细目特征	计量单位	工程量
28	020105001001	水泥砂浆踢脚线	1. 踢脚线高度：120mm；2. 面层厚度、砂浆配合比：20mm 厚 1∶2 水泥砂浆	m	37.6
29	020201001001	砖墙面一般抹灰（内墙）	1. 墙体类型：砖墙；2. 抹灰部位：内墙；3. 抹灰厚度、砂浆配合比：20mm 厚 1∶1∶2 混合砂浆	m^2	151.71
30	020204003001	块料墙面	1. 墙体类型：砖墙；2. 面层材料品种：1∶1 水泥砂浆粘贴 200mm×300mm 瓷板	m^2	7.728
31	020301001001	混凝土天棚抹灰	1. 基层类型：混凝土板；2. 砂浆配合比：20mm 厚 1∶1∶2 混合砂浆	m^2	191.51
32	020201001002	砖墙面一般抹灰（女儿墙）	1. 墙体类型：砖墙；2. 抹灰厚度、砂浆配合比：20mm 厚 1∶1∶2 混合砂浆	m^2	44.116
33	020201001003	砖墙面一般抹灰（外墙）	1. 墙体类型：砖墙；2. 抹灰部位：外墙；3. 抹灰厚度、砂浆配合比：20mm 厚 1∶1 水泥砂浆	m^2	120.468
34	020202001101	混凝土柱面一般抹灰	1. 柱体类型：混凝土；2. 抹灰厚度、砂浆配合比：20mm 厚 1∶1∶2 混合砂浆	m^2	23.712
35	020507001001	内墙面喷刷涂料	1. 基层类型：水泥砂浆；2. 涂料品种、刷喷遍数：双飞粉二遍、乳胶漆二遍	m^2	114.818
36	020507001101	天棚面喷刷涂料	1. 基层类型：水泥砂浆；2. 涂料品种、刷喷遍数：双飞粉二遍、乳胶漆二遍	m^2	160.5
37	010401006001	垫层	C10 混凝土基础垫层	m^3	9.396
38	01B002	外墙涂料	外墙涂料	m^2	68.88
39	010803005301	炉渣混凝土	炉渣混凝土	m^3	9.765
40	010701001201	小青瓦屋面	瓦品种：小青瓦	m^2	47.988
41	020204001001	青石石材墙面	1. 墙体类型：砖墙；2. 粘贴方式：1∶1水泥砂浆粘贴，勒角；3. 面层材料品种：青石板	m^2	22.662
42	020204003001	灰色块料墙面砖	1. 墙体类型：砖墙；2. 粘贴方式：1∶1水泥砂浆粘贴；3. 面层材料品种：灰色块料墙面砖	m^2	30.564

续表

序号	细目编码	细目名称	细目特征	计量单位	工程量
43	01B003	木门 900mm×2100mm	木门 900mm×2100mm	m^2	3.78
44	01B004	木门 700mm×2900mm	木门 700mm×2900mm	m^2	2.03
45	01B005	仿木纹铝窗	仿木纹铝窗	m^2	89.071
46	01B006	屋脊	部位：屋脊	m	53.8
47	01B007	外墙彩画	外墙彩画	m^2	23.948
48	01B008	独立柱面仿砖彩绘	独立柱面仿砖彩绘	m^2	23.712
49	010302006101	砖砌体	1. 零星砌砖名称、部位：砖砌体；2. 砂浆强度等级、配合比：M5.0 砌筑砂浆	m^2	9.519
50	01B009	坡道栏杆	独立柱面仿砖彩绘	m	23.712
51	020101001001	坡道地面	做法详见：西南 11J812-6-D1	m^2	5.405
52		道路			
53	040203005001	水泥混凝土道路面层（主干道路）	1. 20mm 厚 C20 混凝土道路面层；2. 草袋养生；3. 路面刻纹	m^2	3420
54	040203005001	水泥混凝土道路面层（支路）	1. 20mm 厚 C20 混凝土道路面层；2. 草袋养生；3. 路面刻纹	m^2	2450
55	040201013001	现浇混凝土排水沟、截水沟（村内水沟沟边）	1. 材料品种：现浇混凝土；2. 混凝土强度等级：C20	m^3	160
56	040201013002	现浇混凝土排水沟、截水沟（村内水沟沟底）	1. 材料品种：现浇混凝土；2. 混凝土强度等级：C15	m^3	88
57	020101003001	混凝土地面（公共活动场所）	20mm 厚 C20 混凝土地面	m^2	655.5
58	01B010	标志牌	1. 标志牌；2. 暂估价 5000 元/块	座	1
59	01B011	绿化树	1. 绿化树；2. 暂估价 300 元/棵	棵	200
60	01B012	绿化带	1. 绿化带；2. 暂估价 70 元/m^2	m^2	292.4
61	01B013	节能路灯	节能路灯	盏	20
62	01B014	垃圾桶	垃圾桶	个	104
		合　计			

附录 2　招标文件范本

招标文件

招标编号：

招　　标　　人：＿＿＿＿＿＿＿＿＿＿＿＿＿＿＿＿＿＿＿＿
招标代理机构：＿＿＿＿＿＿＿＿＿＿＿＿＿＿＿＿＿＿＿＿

年　　月　　日

目　　录

第一部分　招标项目标书审查备案表

招标编号：

<table>
<tr><td>建设单位</td><td colspan="3"></td></tr>
<tr><td>项目名称</td><td></td><td>招标方式</td><td>公开招标</td></tr>
<tr><td>招标代理机构意见</td><td colspan="3">签字：　　　　　　　　　　　　年　月　日</td></tr>
<tr><td>招标单位意见</td><td colspan="3">签字：　　　　　　　　　　　　年　月　日</td></tr>
<tr><td>招标办意见</td><td colspan="3">签字：　　　　　　　　　　　　年　月　日</td></tr>
<tr><td>附件</td><td colspan="3">1. 招标文件（发售前须报送呈建设工程招标投标管理办公室审查备案）
2. 招标代理委托书</td></tr>
</table>

第二部分　投标人须知前附表

序号	内　容　规　定
1	项目综合说明： 项目名称： 建设地点： 招标范围：前期工作、建安工程、项目用地及匹配土地的报批、征地、拆迁、青苗补偿及安置等 工程质量标准：合格　　　承包方式：项目全过程代建投资承揽 质量保修要求： 项目总工期：____天（日历日）
2	资金来源：由代建投资承揽人自筹
3	规费按以下内容约定：
4	1）响应金的缴纳：预缴纳项目响应金人民币　万元，于报名前转入到招标人指定的银行账户 账户名称： 账号： 开户银行： 2）项目履约保证金的缴纳：人民币　万元，在报名前转入到市财政局指定的银行账户。 专户名称： 专户账号为： 开户银行：
5	投标有效期：__天（日历日）
6	投标文件份数：一式四份，其中正本一份，副本三份
7	投资回报及付款方式：详见招标文件第四部分
8	评标办法：详见招标文件第七部分

第三部分　投 标 人 须 知

A 总　　则

1　招标编号：

2　项目说明

2.1　项目说明见投标人须知前附表（以下称“前附表”）第1项所述。

2.2　本项目按照《中华人民共和国招标投标法》、《××省实施〈中华人民共和国招标投标法〉办法》、七部委联合发布的12号令《评标委员会和评标办法暂行规定》的规定，已办理了招标申请，并得到招标管理机构批准，现通过公开招标择优选定代建投资承揽人。

3　定义

3.1　“招标人”指：____。

3.2　“投标人”指：向招标人提交投标文件的法人。

3.3　“招标代理机构”指：________________________________。

4　资金来源：招标人的资金通过投标人须知前附表第2项所述的方式获得。

5　合格条件的要求

5.1　为履行本项目合同的目的，参加投标的法人须满足下列要求：

5.1.1　投标人必须具有独立法人资格，并具有与工程建设相关的设计、施工、监理、造价、咨询或房地产开发等资质中的一项或多项。

5.1.2　具有与拟代建承揽项目相应的经济实力。

5.1.2.1　投标人在开标前将____万元转入招标人指定的银行账户作为响应金，该资金在中标后转入由招标人开设的专项资金账户，作为该项目的投资专项资金，与中标人实行双控。

5.1.2.2　投标人在报名前将人民币____万元转入市财政指定的银行账户作为项目履约保证金。

5.1.2.3　本项目的投资响应金可采取分期缴纳：响应金的缴纳：预缴纳项目响应金人民币____万元，于报名前转入到招标人指定的银行账户；后期响应金分期缴纳。

5.1.3　承诺履行《中华人民共和国招标投标法》的有关规定：遵守国家法律、行政法规，具有良好的信誉和诚实的职业道德。

5.2　凡满足5.1.1、5.1.2、5.1.3条件的均可申请投标（附投标邀请书）。

6　项目概况

6.1　项目概况：

____。

6.2　招标范围及内容：

招标范围：________________。具体包括：__________（详细列举）。

7　合格的材料、工程设备及施工服务

7.1　投标人须提交证明其提供的主要材料符合招标文件的规定；

7.2　证明文件可以是文字资料、图纸和数据。

8　投标委托

投标人是法定代表人的，须持法人代表资格证书和身份证，如其投标代表不是法定代表人的，须持有法定代表人授权委托书（统一格式）和受委托人的身份证。

9　现场勘察

9.1　投标人可根据自己的需要，于投标截止时间以前对项目现场和周围环境进行现场踏勘，以获取与本项目合同所需的所有资料。踏勘现场所需要的费用由投标人自行承担。踏勘期间所发生的人身伤害及财产损失由投标人自己负责，招标人不负任何责任。

9.2　招标人向投标人提供项目的有关现场的资料和数据，是招标人现有的能使投标人利用的资料，招标人对投标人由此而做出的推论、理解和结论概不负责。

10　投标费用

投标人自行承担参加本次投标活动发生的所有费用，不管投标结果如何，招标人对上述费用不负任何责任。

B　招　标　文　件

11　招标文件

11.1　招标文件由下列内容组成

11.1.1　招标项目标书审查备案表

11.1.2　投标人须知前附表

11.1.3　投标人须知

11.1.4　项目代建投资承揽合同

11.1.5　投标文件的组成（格式）

11.1.6　评标办法

11.2　投标人应详细阅读招标文件全部内容。不按招标文件的要求提供投标文件和资料，可能导致投标被拒绝。

11.3　投标人收到招标文件时，应检查页数和附件数量，投标人发现任何页数或附件数量遗缺，任何数字或词汇模糊不清，任何词义含混不清，应以书面形式及时告之招标人补全或澄清。如果投标人不按上述方式提出要求而造成不良后果，招标人不承担任何责任。

12　招标文件的澄清

12.1　投标人根据招标文件仔细审查，如对招标人提供的内容有异议，应在招标答疑截止时间前以书面或传真形式提出质疑，否则招标人将视投标人认同，由此引起的损失由投标人自行承担。

12.2　投标人对招标文件如有疑点要求澄清，可在投标截止日期15天前用书面形式（包括书面文字、电传、传真、电报等）向招标人提出，招标人将在投标截止日期7天前以书面形式予以解答（包括对询问的解释，但不说明询问的来源），并发送给所有的投标人，投标人应以书面形式予以确认。

13　招标文件的修改

13.1　在投标截止日期5天前，招标人无论出于自己的考虑，还是出于对投标人提问的澄清，均可对招标文件用补充文件的方式进行修改。

13.2　对招标文件的修改，将以书面形式通知已购买招标文件的每一投标人，补充文件将作为招标文件的组成部分，对所有投标人有约束力。

13.3　为使投标人有足够的时间按招标文件的修改要求考虑修正投标文件，招标人可酌情推迟投标的截止日期和开标日期，并将此变更通知每一个投标人，由此增加的费用由投标人负责。

13.4　补充文件报招标管理机构核准后生效。

C　投标文件的编写

14　投标文件计量单位

除招标文件中有特殊要求外，投标文件中的计量单位应采用国家法定计量单位。

15　投标文件的组成

15.1　投标函及投标函附录（格式见附件一）

15.2　开标一览表（格式见附件二）

15.3　投标单位概况

15.4　营业执照副本（复印件）

15.5　资质证书副本（复印件）

15.6　法定代表人资格证书及身份证复印件（或法定代表人授权委托书及被委托人身份证复印件）

15.7　代建项目范围

15.8　代建项目管理规划

15.9　代建项目管理组织

15.10　代建项目进度管理

15.11　代建项目质量管理

15.12　代建项目安全管理

15.13　代建项目环境管理

15.14　代建项目风险管理

15.15　代建项目沟通与协调管理

15.16　代建项目结束阶段管理

16　投标内容填写说明

16.1　投标文件、投标人与招标人之间及与投标有关的来往通知、函件和文件均应使用中文。

16.2　必须毫无例外地使用招标文件提供的投标文件格式，但可以同样格式扩展。

17　投标工期及质量要求

17.1　工期：按投标人在投标文件中承诺的工期完成。

17.2　工程质量：按照国家工程质量验收标准，综合评定指标必须达到合格以上工程。

17.3　保修要求：按中华人民共和国国务院令［2000］第279号的规定执行。

17.4　确保工期和质量，投标人应有详尽的、切实可行的技术措施和组织措施。

18　项目响应金和履约保证金

18.1　项目响应金和履约保证金按《投标人须知前附表》第4条要求缴纳。

18.2　对于未能按要求提交项目响应金和履约保证金的投标，招标人视其为不响应投标而予以拒绝。

18.3　落标的投标人的响应金和履约保证金将在定标后三个工作日内（遇节假日顺延）无息退还。

18.4　发生下列情况之一，投标人的项目履约保证金不予退还。

18.4.1　开标后投标人撤回投标的。

18.4.2　中标人自愿放弃中标。

18.4.3　中标人不按本须知第34条签订合同。

18.4.4　投标人在投标过程中有严重违法违规行为，按照有关法律、法规应严厉处罚的。

19　投标文件的有效期

19.1　自开标之日起60天（日历日）内，投标文件应保持有效。有效期短于这个规定期限的投标将被拒绝。

19.2　在特殊情况下，招标人可与投标人协商延长投标文件的有效期。这种要求和答复都应以书面形式进行。按本须知第18条规定的项目响应金和履约保证金的有效期也相应延长。投标人可以拒绝接受延期要求而不致被没收履约保证金。同意延长有效期的投标人不能修改投标文件，在延长期内本须知第18条关于项目响应金和履约保证金的退还与没收的规定仍然适用。

20　投标文件的签署及规定

20.1　投标人名称应填写全称，投标文件应加盖投标单位公章和法定代表人印章或委托代理人印章。

20.2　投标文件的份数：

投标文件一式四份（正本一份、副本三份），且应明确标明“投标文件正本”和“投标文件副本”，如果正本与副本不符，以正本为准。

20.3　投标文件不得涂改、增删。

20.4　投标文件因字迹潦草或表达不清所引起的后果由投标人负责。

20.5　电报、电话、传真形式的投标概不接受。

D　投标文件的递交

21　投标文件的密封及标记

21.1　投标文件：投标人应将填写投标报价的“投标函”、投标函附录、开标一览表单独密封在一个内层小包封内，然后与装订成册的投标文件（即正本一份，副本三份）装入同一外层大包封中；投标文件的内外层封口和骑缝处均应加贴密封条，并加盖投标人单位公章及法定代表人印章或委托代理人印章。投标文件中“投标函”（格式见附件一）的内容除不填写投标报价外，其他内容与单独密封的“投标函”应相同。

投标文件外层包封封皮上应注明“开标时间以前不得开封”，并写明：

收件人： 接收投标书地址： 招标编号： 项目名称： 投标人：

21.2　如果投标人的投标文件没有按上述规定密封并加写标记，招标人将不承担投标人投标文件错放或提前开封的责任，由此造成的提前开封的投标文件将予以拒绝，并退给投标人。

21.3　投标人在规定时间内送达的按规定已经密封好的投标文件，招标人将签收并署名时间，否则招标人将拒绝签收。

22　投标截止时间

22.1　投标人必须在________年____月____日____时整的投标截止时间以前派人将投标文件送达________面交招标人代表。

22.2　招标人推迟投标截止时间时，将以书面形式，通知所有投标人，在此情况下，招标人和投标人的权利和义务将受到新的截止日期的约束。

23　投标文件的补充、修改和撤回

23.1　如果投标人提出对商务标投标文件的补充、修改的书面要求，并在投标截止时间前派人送达招标人，招标人可以予以接收。

23.2　投标人在投标截止时间以前补充、修改投标文字的书面资料，须密封送达招标人，同时应在封套上标明“补充、修改投标文件”和“开标时启封”字样。

23.3　撤回投标应以书面（或传真）的形式通知招标人，在投标截止时前如果投标人提出撤回投标的书面要求，招标人可予以接收，但不退还投标文件。如采取传真形式撤回投标，随后必须补充有法人代表或授权代表签署的要求撤回投标的正式文件。撤回投标的时间以正式文件送达招标人为准。

E　开 标 及 评 标

24　开标

24.1　招标人按招标文件规定的时间、地点主持开标。投标人派代表参加（代表人数不得超过3人）。参加开标的投标人代表应签名报到，以证明其出席开标会议，开标会将请有关部门进行监督。

24.2　投标人由其法定代表人持法定代表人证书、身份证（或委托代理人持授权委托书、被委托人身份证）、履约保证金和响应金的银行进账单参加开标仪式。

24.3　开标时查验投标人项目履约保证金和响应金进账单、法定代表人证书、身份证（或委托代理人授权委托书、被委托人身份证）及投标文件密封情况，确认无误后拆封唱标，唱投标文件“开标一览表”内容以及招标人认为适合的其他内容记录。

24.4　招标人在开标仪式上，将公布投标人的名称、投标项目名称、投标价格、工期、质量等级及其投标的修改、投标的撤回、投标履约保证金和响应金是否提交等，招标人将作唱标记录。

25　有下列情况之一的投标被拒绝接收或废标：

25.1　逾期送达的投标文件；

25.2　未按要求密封的投标文件；

25.3　投标文件上的印鉴与投标人提供的有关资料、证书、证明材料不符合，投标人提供的有关资料、证书、证明材料有假或伪造的；

25.4　投标文件中实质内容部分字迹辨认不清，或者有涂改的；

25.5　投标人未按招标文件第24.2条参加开标会议的；

25.6　未响应招标人所确定的工期和质量的；

25.7　投标人资格及投标文件的符合性不合格的；

25.8　投标人串通投标的；

25.9 未按《投标人须知前附表》第4条要求提交项目履约保证金、响应金或提交金额不足的。

26 对投标文件的初审

26.1 初审内容为投标文件是否符合招标文件的要求、内容是否完整、文件签署是否齐全及履约保证金和响应金是否足额缴纳。

26.2 与招标文件有重大偏差的投标文件可能被拒绝投标；重大偏差指投标项目的质量、建设工期明显不能满足招标文件的要求。这些偏差不允许在开标后修正。

26.3 评标委员会对投标文件的判定，只依据投标文件本身，不依靠开标后的任何外来证明。

27 投标文件的澄清

27.1 招标人有权就投标文件商务标部分中含混之处向投标人提出询问或澄清要求。投标人必须按照招标人通知的时间、地点派员进行答疑和澄清。

27.2 必要时招标人可要求投标人就澄清的问题作书面回答，该书面回答应有投标人签章，并将作为投标内容的一部分。

27.3 投标人对投标文件的澄清不得改变投标价格及实质内容。

27.4 对投标文件的澄清应在评标会议期间进行，不得事后澄清。

28 评标委员会和评标原则

28.1 招标人根据招标项目的特点组建评标委员会。评标委员会由招标人的代表和有关技术、经济等方面的专家（专家从专家库随机抽取的）组成，成员总数为5人以上单数，经济方面的专家不少于评标委员会人数的40%。

28.2 评标工作应坚持客观、公正、公平、自主和注重信誉的原则。

28.3 评标委员会、招标人和有关招投标监督部门不对投标人作任何落标原因解释。

29 评标

29.1 评标委员会全面负责评标工作，对具备实质性响应的投标文件进行评估和比较。评标委员会完成评标后写出评标报告。

29.2 评标办法：先对投标文件进行综合合格性评审，再对评审合格的投标人的追加响应金承诺金额进行比对，按追加响应金承诺金额从多到少的顺序确定中标候选人的排名顺序；若出现追加响应金承诺金额相同的，以抽签方式确定中标候选人的排名顺序。具体评标办法详见招标文件第七部分评标办法。

29.3 中标条件

29.3.1 投标文件符合招标文件要求，综合合格性评审通过。

29.3.2 经确认的追加响应金承诺金额最多。

30 评标过程保密

30.1 开标之后，直到授予中标人合同为止，凡是属于审查、评标和比较投标的有关资料以及授标意向等，均不得向投标人或其他无关的人员透露。

30.2 在评标期间，投标人企图影响招标人的任何活动，将导致投标被拒绝。

30.3 投标人不得串通投标，不得与招标人相互勾结，以排挤其他投标人的公平竞争。任何单位和个人在投标活动中，不准以任何方式行贿、受贿。

F　特别约定和授予合同

31　特别约定

31.1　自报名登记之日起，由于招标人的原因，招标项目停建导致流标的，招标人将按投标人的直接损失情况给予赔偿。

31.2　中标人拒绝与招标人订立合同或不履行与招标人已订立的合同的，招标人有权将履约保证金没收，同时中标人的这种行为给招标人造成的损失超过项目履约保证金的，中标人还应当对超过部分予以赔偿。

32　招标人有接受和拒绝任何或所有投标的权力

评标委员会经评审，认为所有投标都不符合招标文件要求的，可以否决所有投标。招标项目的所有投标被否决的，招标人将重新招标。

33　中标通知

33.1　在投标有效期内，招标人以书面形式通知所选定的中标人。

33.2　招标人确定中标人后，招标人将向其他投标人发出落标通知，招标人和招标监管部门对落标的投标人不作落标原因的解释。

33.3　中标通知书将是合同的一个组成部分。

34　签订合同

34.1　中标人应按中标通知书中规定的时间、地点与招标人签订中标经济合同，否则按开标后撤回投标处理。

34.2　招标文件、中标人的投标文件及评标过程中有关澄清文件均应作为合同有效附件。

第四部分　建设项目代建投资承揽合同

此合同为项目建设方与代建投资方签订的合同。

第五部分　建设项目技术部分

此部分为业主对建设项目的技术要求及需要遵守的技术规范。

第六部分　投标文件的组成（格式）

附件一　投标函及投标函附录（格式见附件一）

附件二　开标一览表（格式见附件二）

附件三　投标单位概况（格式见附件三）

附件四　营业执照副本（复印件）

附件五　资质证书副本（复印件）

附件六　法定代表人资格证书及身份证复印件（或法定代表人授权委托书及被委托人身份证复印件）

综合合格性评审内容可参照住房和城乡建设部《建设工程项目管理规范》，分别从代建范围、代建项目管理规划、代建管理组织、进度、质量、安全、成本、风险、沟通与协调、项目结束阶段管理10个方面进行编制。

附件一　投标函及投标函附录

投标函（格式）

致：________________

1. 根据贵方招标编号为____的____________工程的招标文件，遵照《中华人民共和国招标法》、《××省实施〈中华人民共和国招标投标法〉办法》，经考察现场和研究上述项目建设招标文件的投标人须知、合同条款、技术规范和其他有关文件后，我方愿预交人民币（单独密封时填写）元的项目响应金，按本招标文件中的合同条款、技术规范的要求承揽此项目的前期工作、征地、批地、拆迁、青苗补偿、安置、材料供应、工程施工、安装、测试等直到竣工验收和保修维护。

2. 一旦我方中标，我方保证在__天（日历日）内竣工并移交整个项目，保证达到合格工程质量，承诺按国务院令第279号规定实行保修服务，并承诺签订农民工工资支付保障三方协议。

3. 如果我方中标，我方除按照规定已提交项目履约保证金人民币____万元、项目响应金____万元外；我方愿在开标后5天内再追加项目响应金人民币____万元（以100万元为追加的起点和基数），存入招标人指定账户作为承担责任的保证。

4. 我方同意所递交的投标文件在“投标人须知”第20条规定的投标有效期内有效，在此期内我方的投标将可能中标，我方将受此约束。

5. 除非另外达成的协议生效，你方的中标通知书和本投标文件将构成约束我们双方的合同。

6. 根据投标人须知的条款，我方同意如下：

（1）所附投标一览表中的预交项目响应金为（单独密封时填写）元（人民币），即大写：（单独密封时填写）。

（2）我方将按招标文件的规定履行合同责任和义务。

（3）我方已详细审查全部招标文件（含其澄清、修改文件）以及全部参考资料和有关附件。我方完全理解并同意放弃对这方面不明及误解的权利。

（4）如果在开标规定时间和日期后，我方在投标有效期内撤回投标，同意履约保证金被招标人没收。

（5）投标人同意按照招标人要求提供与投标有关的一切数据或资料。

7. 与本投标有关的一切正式往来通信请寄：

地址：　　　　　　　　　　邮编：

电话：　　　　　　　　　　传真：

投标人名称（公章）：　　　　法定代表人（或授权委托人）：（签字、盖章）

造价工程师（签字、盖章）：

日期：

投 标 函 附 录

序号	项 目 名 称	项 目 内 容
1	项目履约保证金	人民币____万元
2	项目响应金	人民币____万元
3	追加项目响应金	人民币____万元
4	开工时间	合同上所要求的日期
5	延误工期赔偿费金额	经双方协商约定，每推迟一天，甲方扣乙方违约金____元，以此类推
6	延误工期赔偿费限额	合同总造价的1%
7	质保金金额	代建项目总造价的5%
8	工期	____天（日历日）
9	保修期	国务院令（2000）第279号
10	投标文件有效期	60天，自开标之日起计算

投标人：（盖章）

法定代表人（或委托代理人）：（签字、盖章）

日期：____年____月____日

附件二　开标一览表（格式）

投标人名称：

招标文件编号：

序号	项目名称	追加项目响应金金额（需大写）	工期（天）（日历日）	质量等级	保修承诺
		（单独密封填写）			

投标人：（盖章）

法定代表人：（签字、盖章）

日期：____年____月____日

附件三　投 标 单 位 概 况

<table>
<tr><td>企业名称</td><td colspan="2"></td><td>建立日期</td><td></td></tr>
<tr><td>资质等级</td><td colspan="2"></td><td>企业性质</td><td></td></tr>
<tr><td>批准单位</td><td></td><td>经营方式</td><td colspan="2"></td></tr>
<tr><td>经营范围</td><td></td><td>地　址</td><td colspan="2"></td></tr>
<tr><td>企业简历</td><td colspan="4"></td></tr>
</table>

投标人：（盖章）

法定代表人：（签字、盖章）

日期：____年____月____日

第七部分　评　标　办　法

1. 评标办法：先对投标文件进行检查和综合合格性评审，再对评审合格的投标人的追加响应金承诺金额进行比对，按追加响应金承诺金额从多到少的顺序确定中标候选人的排名顺序；若出现追加响应金承诺金额相同的，以抽签方式确定中标候选人的排名顺序。

对投标文件的检查对照第三部分的第15.1条和第六部分的格式规定进行。

综合合格性评审参照住房和城乡建设部《建设工程项目管理规范》，分别从代建范围、代建项目管理规划、代建管理组织、进度、质量、安全、成本、风险、沟通与协调、项目结束阶段管理10个方面进行。

2. 评标委员会：评标委员会成员全部从政府评标专家库中随机抽取产生，成员为5人以上单数，其中技术、经济类专家评委不少于三分之二。

3. 评标程序：分为检查和综合合格性评审及追加响应金承诺金额确认两个阶段。

检查和综合合格性评审：先对投标文件的内容和格式进行检查，再进行综合合格性评审。

追加响应金承诺金额确认：对通过综合合格性评审的投标人的追加响应金承诺金额进行比对。

4. 中标候选人推荐：评标委员会对评审合格的投标人的追加响应金承诺金额进行比对后，按追加响应金承诺金额从多到少的顺序确定中标候选人的排名顺序，推荐一至三个中标候选人；若出现追加响应金承诺金额相同的，以抽签方式确定中标候选人的排名顺序。

附录3 投标文件范本

________（项目名称）________标段施工招标

投 标 文 件

投标人：________________（盖单位章）

委托代理人：________________（签　　字）

____年____月____日

目　录

一、投标函及投标函附录

（一）投标函

________（招标人名称）：

1. 我方已仔细研究了__________（项目名称）__________标段施工招标文件的全部内容，愿意以人民币（大写）________元（￥________）的投标总报价，工期________日历天，按合同约定实施和完成承包工程，修补工程中的任何缺陷，工程质量达到________。

2. 我方承诺在投标有效期内不修改、撤销投标文件。

3. 随同本投标函提交投标保证金一份，金额为人民币（大写）________元（￥________）。

4. 如我方中标：

（1）我方承诺在收到中标通知书后，在中标通知书规定的期限内，与你方按照招标文件和我方的投标文件签订合同。

（2）随同本投标函递交的投标函附录属于合同文件的组成部分。

（3）我方承诺按照招标文件规定向你方递交履约担保。

（4）我方承诺在合同约定的期限内完成并移交全部合同工程。

5. ____________________________________（其他补充说明）。

投　标　人：______________________（盖单位章）

委托代理人：____________（签字）

地　　　址：______________________________

网　　　址：______________________________

电　　　话：______________________________

传　　　真：______________________________

邮 政 编 码：______________________________

____年____月____日

（二）投 标 函 附 录

序号	条款名称	约定内容	备注
1	项目经理	姓名：	
2	工期		
3	缺陷责任期	承诺按招标文件规定执行	
4	分包	承诺按招标文件规定执行	
5	拖期损失赔偿	承诺按招标文件规定执行	

续表

序号	条款名称	约定内容	备注
6	拖期损失赔偿限额	承诺按招标文件规定执行	
7	保修期	承诺按招标文件规定执行	
8	中期（月进度）支付最低限额和支付比例	承诺按招标文件规定执行	
9	保留金扣留的百分比	承诺按招标文件规定执行	
10	开工预付款	承诺按招标文件规定执行	
11	材料、设备预付款	承诺按招标文件规定执行	
12	投标人是否承诺按照招标文件、专用合同条款、通用合同条款的有关规定执行	承诺按招标文件规定执行	
13	投标报价是否考虑了全部风险系数	承诺按招标文件规定执行	

注：投标人投标时填入相应内容作承诺之用，应依据招标文件合同条款结合自己公司实力填写；或按照上述格式进行承诺。

投　标　人：______________（盖单位章）

法定代表人或委托代理人：________（签字）

日　　　期：____年____月____日

二、法定代表人身份证明

投标人名称：__________________________

单位性质：____________________________

地址：________________________________

成立时间：____年____月____日

经营期限：____

姓名：________系________________________（投标人名称）的法定代表人（职务：________电话：__________________）。

特此证明。

附：法定代表人身份证复印件

投标人：__________________________（盖单位章）

____年____月____日

注：（1）法定代表人亲自投标而不委托代理人投标适用。

（2）法定代表人在递交投标文件时，应携带投标人企业法人营业执照副本原件、法定代表人身份证原件备查。

（3）法定代表人提供的证件、证明不齐或不符合要求的，投标文件不予接收。

三、授权委托书

本人__________（姓名）系____________________（投标人名称）的法定代表人，现委托本单位人员__________（姓名）为我方代理人。代理人根据授权，以我方名义签署、澄清、说明、补正、递交、撤回、修改____________________（项目名称）____标段施工投标文件、签订合同和处理有关事宜（向有关行政监督部门投诉另行授权），其法律后果由我方承担。

委托期限：__________。

代理人无转委托权。

附：（1）法定代表人身份证明原件和法定代表人身份证复印件

（2）委托代理人身份证复印件、投标人为其缴纳的养老保险（提供最近6个月连续缴费证明）复印件

投　标　人：____________________（盖单位章）

法定代表人：____________________（签字）

委托代理人：____________________（签字）

联系电话：______（固定电话）　　　　（移动电话）______

____年____月____日

注：（1）法定代表人不亲自投标而委托代理人投标适用。

（2）法定代表人委托他人投标的，委托代理人应是投标人本单位的人员。

（3）最近6个月（企业设立不足6个月，从设立时起，下同）连续缴费的养老保险是指从购买招标文件时间的上一个月或上上个月起算，往前推6个月的连续、不间断，每个月都缴纳了养老保险费。

（4）委托代理人在递交投标文件时，应携带投标人企业法人营业执照副本原件、委托代理人身份证原件、委托代理人连续6个月在该投标人单位的养老保险缴纳凭证原件或提供由社保部门出具的委托代理人在该投标人单位连续6个月参保的证明原件备查。

（5）委托代理人提供的证件、证明不齐或不符合要求的，投标文件不予接收。

（6）由委托代理人投标的，每个联合体成员都应按“三、授权委托书”的格式和要求由法定代表人签署授权委托书并附有关证明。

四、投标保证金

__________（招标人名称）：

本投标人自愿参加__________（项目名称）______标段施工的投标，并按招标文件要求缴纳投标保证金，金额为人民币（大写）________元（￥________）。

本投标人承诺所缴纳投标保证金是从本公司基本账户以转账方式缴纳的，若有虚假，由此引起的一切责任均由我公司承担。

附：（1）收据（招标人开具给投标人）复印件

（2）银行给投标人的转账回单复印件

（3）人民银行颁发的基本存款账户开户许可证复印件

投 标 人：________________（盖单位章）

法定代表人或其委托代理人：__________（签字）

____年____月____日

五、已标价工程量清单

详见具体项目的已标价工程量清单。

六、施 工 组 织 设 计

1. 投标人编制施工组织设计的要求：编制时应采用文字并结合图表形式说明施工方法；拟投入本标段的主要施工设备情况、拟配备本标段的试验和检测仪器设备情况、劳动力计划等；结合工程特点提出切实可行的工程质量、安全生产、文明施工、工程进度、技术组织措施，同时应对关键工序、复杂环节重点提出相应技术措施，如冬雨期施工技术、减少噪声、降低环境污染、地下管线及其他地上地下设施的保护加固措施等。

2. 施工组织设计除采用文字表述外可附下列图表，图表及格式要求附后。

附表一　拟投入本标段的主要施工设备表

附表二　拟配备本标段的试验和检测仪器设备表

附表三　劳动力计划表

附表四　临时用地表

附图一　计划开、竣工日期和施工进度网络图

附图二　施工总平面图

拟投入本标段的主要施工设备表　　附表一

序号	设备名称	型号规格	数量	国别产地	制造年份	额定功率(kW)	生产能力	用于施工部位	备注

拟配备本标段的试验和检测仪器设备表　　附表二

序号	仪器设备名称	型号规格	数量	国别产地	制造年份	已使用台时数	用途	备注

劳动力计划表 附表三

单位：人

工种	按工程施工阶段投入劳动力情况					

临时用地表 附表四

用　途	面积（m^2）	位　置	需用时间

附图一　计划开、竣工日期和施工进度网络图

1. 投标人应递交施工进度网络图或施工进度表，说明按招标文件要求的计划工期进行施工的各个关键日期。

2. 施工进度表可采用网络图（或横道图）表示。

附图二　施工总平面图

投标人应递交一份施工总平面图，绘出现场临时设施布置图表并附文字说明，说明临时设施、加工车间、现场办公、设备及仓储、供电、供水、卫生、生活、道路、消防等设施的情况和布置。

七、项目管理机构

（一）项目管理机构组成表

职务	姓名	职称	执业或职业资格证明					备注
			证书名称	级别	证号	专业	养老保险	

（二）主要人员简历表

<table>
<tr><td>姓名</td><td></td><td>年龄</td><td></td><td colspan="2">学历</td><td></td></tr>
<tr><td>职称</td><td></td><td>职务</td><td></td><td colspan="2">拟在本合同任职</td><td></td></tr>
<tr><td>毕业学校</td><td colspan="6">年毕业于　　　　学校　　　　专业</td></tr>
<tr><td colspan="7">主要工作经历</td></tr>
<tr><td>时间</td><td colspan="3">参加过的类似项目</td><td>担任职务</td><td colspan="2">发包人及联系电话</td></tr>
<tr><td></td><td colspan="3"></td><td></td><td colspan="2"></td></tr>
</table>

注：1. “主要人员简历表”中的项目经理应附项目经理证、身份证、职称证、学历证、养老保险等的复印件，管理过的项目业绩须附合同协议书复印件；技术负责人应附身份证、职称证、学历证、养老保险等的复印件，管理过的项目业绩须附证明其所任技术职务的企业文件或用户证明；其他主要人员应附职称证（执业证或上岗证书）、养老保险等的复印件。如不实，属于弄虚作假，取消中标资格；

2. 主要人员的养老保险是指，主要人员在该投标人单位的养老保险缴纳凭证或由社保部门出具的主要人员在该投标人单位参保的证明。

八、拟分包项目情况表

（本项目不适用，投标人在投标时可不附此表）

分包人名称		地　　址	
法定代表人		电　　话	
营业执照号码		资质等级	
拟分包的工程项目	主要内容	预计造价（万元）	已经做过的类似工程

注：附分包人的营业执照副本、资质证书副本的复印件。

九、资格审查资料

资格审查资料提供时应注意：

（1）如招标人接受联合体投标的，“资格审查资料”规定的表格和资料应包括联合体各方相关情况，联合体的每一成员都应提供。

（2）新成立企业不满足招标人年度要求的，投标人只提供成立后相应年度的资料。

（一）投标人基本情况表

<table>
<tr><td>投标人名称</td><td colspan="9"></td></tr>
<tr><td>注册地址</td><td colspan="5"></td><td>邮政编码</td><td colspan="3"></td></tr>
<tr><td rowspan="2">联系方式</td><td>联系人</td><td colspan="4"></td><td>电话</td><td colspan="3"></td></tr>
<tr><td>传真</td><td colspan="4"></td><td>网址</td><td colspan="3"></td></tr>
<tr><td>组织结构</td><td colspan="9"></td></tr>
<tr><td>法定代表人</td><td>姓名</td><td></td><td colspan="2">技术职称</td><td colspan="3"></td><td>电话</td><td></td></tr>
<tr><td>技术负责人</td><td>姓名</td><td></td><td colspan="2">技术职称</td><td colspan="3"></td><td>电话</td><td></td></tr>
<tr><td>成立时间</td><td colspan="4"></td><td colspan="5">员工总人数：</td></tr>
<tr><td>企业资质等级</td><td colspan="2"></td><td colspan="2" rowspan="4">其中</td><td colspan="3">项目经理</td><td colspan="2"></td></tr>
<tr><td>营业执照号</td><td colspan="2"></td><td colspan="3">高级职称人员</td><td colspan="2"></td></tr>
<tr><td>注册资金</td><td colspan="2"></td><td colspan="3">中级职称人员</td><td colspan="2"></td></tr>
<tr><td>开户银行</td><td colspan="2"></td><td colspan="3">初级职称人员</td><td colspan="2"></td></tr>
<tr><td>账号</td><td colspan="2"></td><td colspan="5">技工</td><td colspan="2"></td></tr>
<tr><td>经营范围</td><td colspan="9"></td></tr>
<tr><td>备注</td><td colspan="9"></td></tr>
</table>

（二）近3个年度财务状况表

一、开户银行情况

<table>
<tr><td rowspan="4">开户银行</td><td colspan="2">名称：</td></tr>
<tr><td colspan="2">地址：</td></tr>
<tr><td>电话：</td><td>联系人及职务：</td></tr>
<tr><td>传真：</td><td>电传：</td></tr>
</table>

二、近三年每年的财务情况

财务状况 （单位：元）	近 三 年		
	___年	___年	___年
1 总资产			
2 流动资产			
3 总负债			
4 流动负债			
5 税前利润			
6 税后利润			

附：通过审计的近三年财务报表（格式自定）。

（三）近3年完成的类似项目情况表

项目名称	
项目所在地	
发包人名称	
发包人地址	
发包人电话	
合同价格	
开工日期	
竣工日期	
承担的工作	
工程质量	
项目经理	
技术负责人	
总监理工程师及电话	
项目描述	
备注	

（四）正在施工和新承接的项目情况表

项目名称	
项目所在地	
发包人名称	
发包人地址	
发包人电话	
签约合同价	
开工日期	
计划竣工日期	
承担的工作	
工程质量	
项目经理	
技术负责人	
总监理工程师及电话	
项目描述	
备注	

（五）近3年发生的诉讼及仲裁情况

序号	案　　由	双方当事人名称	处理结果或进展情况

注：1. 本表为调查表。不得因投标人发生过诉讼及仲裁事项而作为废标处理或作为量化因素或评分因素，除非其中的内容涉及其他规定的评标标准，或导致中标后合同不能履行；

2. 诉讼及仲裁情况是指发生于工程建设项目招投标和中标合同履行过程中发生的诉讼及仲裁事项，以及投标人认为对其生产经营活动产生重大影响的其他诉讼及仲裁事项；

3. 诉讼包括民事诉讼和行政诉讼；仲裁是指争议双方的当事人自愿将他们之间的纠纷提交仲裁机构，由仲裁机构以第三者的身份进行裁决；

4. “案由”是事情的缘由、名称、由来，当事人争议法律关系的类别，或诉讼仲裁情况的内容提要，如“工程款结算纠纷”；

5. “双方当事人名称”是指投标人在诉讼、仲裁中原告（申请人）、被告（被申请人）或第三人的单位名称；

6. 诉讼、仲裁的起算时间为：提起诉讼、仲裁被受理的时间，或收到法院、仲裁机构诉讼、仲裁文书的时间；

7. 如近3年没有发生的诉讼及仲裁情况，投标人在编制投标文件时，删除表格，另声明：“经本投标人认真核查，本投标人近3年没有发生诉讼及仲裁纠纷，如不实，构成虚假，自愿承担由此引起的法律责任。特此声明。”

（六）近3年向招投标行政监督部门提起的投诉情况

序号	投诉事由	受理机关及受理时间	处理结果或进展情况

注：1. 本表为调查表。不得因投标人提起过招投标投诉而作为废标处理或作为量化因素或评分因素，除非其中的内容涉及其他规定的评标标准，或导致中标后合同不能履行；

2. 按照《招标投标法》的规定，投标人和其他利害关系人认为招标投标活动不符合本法有关规定的，有权向招标人提出异议或者依法向有关行政监督部门投诉。按照有关规定，任何单位和个人都可对包括招投标在内的违法违规问题进行反映，有关部门依职权进行查处。本项情况调查表只针对投标人和其他利害关系人依据《工程建设项目招标投标活动投诉处理办法》（国家发展改革委等7部委令2004年第11号）提起的投诉；

3. 招投标投诉的起算时间为：招投标投诉被行政机关受理的时间；

4. 投诉已有处理结果的，应附投诉处理结果的文书复印件；还没有处理结果的，应说明进展情况，如某机关于某年某月某日已经受理；

5. 如近3年没有发生投标人向招投标行政监督部门投诉，投标人在编制投标文件时，删除表格，另声明：“经本投标人认真核查，本投标人近3年在招投标活动中，没有发生过向招投标行政监督部门投诉的情况，如不实，构成虚假，自愿承担由此引起的法律责任。特此声明。”

十、其 他 材 料

提供其他材料时应注意：

（1）招标人在编制招标文件时，除以上九项外，招标人还可以要求投标人提供其他材料。但不得与以上九项内容及本招标文件列出的选择项中招标人没有选择的项重复和抵触。

（2）招标人要求申请人提供的其他材料应在《招标文件范本》第三部分投标人须知中列出。

（3）招标人不得要求与本项目招投标和履行合同无关的材料。

（4）招标人在招标文件中没有要求的材料，投标人不需要提供。投标文件不得夹带宣传性材料。

附录4　施工合同范本

第一部分　协　议　书

发包人（全称）：______________________

承包人（全称）：______________________

根据《中华人民共和国合同法》、《中华人民共和国建筑法》及有关法律规定，遵循平等、自愿、公平和诚实信用的原则，双方就________________工程施工及有关事项协商一致，共同达成如下协议：

一、工程概况

1. 工程名称：____________________。

2. 工程地点：____________________。

3. 工程立项批准文号：______________。

4. 资金来源：____________________。

5. 工程内容：____________________。

群体工程应附《承包人承揽工程项目一览表》。

6. 工程承包范围：____

____。

二、合同工期

计划开工日期：______年____月____日。

计划竣工日期：______年____月____日。

工期总日历天数：______天。工期总日历天数与根据前述计划开竣工日期计算的工期天数不一致的，以工期总日历天数为准。

三、质量标准

工程质量符合______________________标准。

四、签约合同价与合同价格形式

1. 签约合同价为：

人民币（大写）__________________________（¥______元）；

其中：

（1）安全文明施工费：

人民币（大写）__________________________（¥______元）；

（2）材料和工程设备暂估价金额：

人民币（大写）__________________________（¥______元）；

（3）专业工程暂估价金额：

人民币（大写）______________________________（¥________元）；

（4）暂列金额：

人民币（大写）______________________________（¥________元）。

2. 合同价格形式：__________。

五、项目经理

承包人项目经理：__________。

六、合同文件构成

本协议书与下列文件一起构成合同文件：

（1）中标通知书（如果有）；

（2）投标函及其附录（如果有）；

（3）专用合同条款及其附件；

（4）通用合同条款；

（5）技术标准和要求；

（6）图纸；

（7）已标价工程量清单或预算书；

（8）其他合同文件。

在合同订立及履行过程中形成的与合同有关的文件均构成合同文件组成部分。

上述各项合同文件包括合同当事人就该项合同文件所作出的补充和修改，属于同一类内容的文件，应以最新签署的为准。专用合同条款及其附件须经合同当事人签字或盖章。

七、承诺

1. 发包人承诺按照法律规定履行项目审批手续、筹集工程建设资金并按照合同约定的期限和方式支付合同价款。

2. 承包人承诺按照法律规定及合同约定组织完成工程施工，确保工程质量和安全，不进行转包及违法分包，并在缺陷责任期及保修期内承担相应的工程维修责任。

3. 发包人和承包人通过招投标形式签订合同的，双方理解并承诺不再就同一工程另行签订与合同实质性内容相背离的协议。

八、词语含义

本协议书中词语含义与第二部分通用合同条款中赋予的含义相同。

九、签订时间

本合同于____年____月____日签订。

十、签订地点

本合同在____签订。

十一、补充协议

合同未尽事宜，合同当事人另行签订补充协议，补充协议是合同的组成部分。

十二、合同生效

本合同自______________生效。

十三、合同份数

本合同一式____份，均具有同等法律效力，发包人执__份，承包人执__份。

发包人：__________（公章） 承包人：__________（公章）

法定代表人或其委托代理人：____（签字） 法定代表人或其委托代理人：____（签字）

组织机构代码：__________ 组织机构代码：__________

地址：__________ 地址：__________

邮政编码：__________ 邮政编码：__________

法定代表人：__________ 法定代表人：__________

委托代理人：__________ 委托代理人：__________

电话：__________ 电话：__________

传真：__________ 传真：__________

电子信箱：__________ 电子信箱：__________

开户银行：__________ 开户银行：__________

账号：__________ 账号：__________

第二部分　通用合同条款

1　一般约定

1.1　词语定义与解释

合同协议书、通用合同条款、专用合同条款中的下列词语具有本款所赋予的含义：

1.1.1　合同

1.1.1.1　合同：是指符合法律规定，由合同当事人约定的具有约束力的文件，构成合同的文件包括合同协议书、中标通知书（如果有）、投标函及其附录（如果有）、专用合同条款及其附件、通用合同条款、技术标准和要求、图纸、已标价工程量清单或预算书以及其他合同文件。

1.1.1.2　合同协议书：是指构成合同的由发包人和承包人共同签署的称为"合同协议书"的书面文件。

1.1.1.3　中标通知书：是指构成合同的由发包人通知承包人中标的书面文件。

1.1.1.4　投标函：是指构成合同的由承包人填写并签署的用于投标的称为"投标函"的文件。

1.1.1.5　投标函附录：是指构成合同的附在投标函后的称为"投标函附录"的文件。

1.1.1.6　技术标准和要求：是指构成合同的施工应当遵守的或指导施工的国家、行业或地方的技术标准和要求，以及合同约定的技术标准和要求。

1.1.1.7　图纸：是指构成合同的图纸，包括由发包人按照合同约定提供或经发包人批准的设计文件、施工图、鸟瞰图及模型等，以及在合同履行过程中形成的图纸文件。图纸应当按照法律规定审查合格。

1.1.1.8　已标价工程量清单：是指构成合同的由承包人按照规定的格式和要求填写并标明价格的工程量清单，包括说明和表格。

1.1.1.9　预算书：是指构成合同的由承包人按照发包人规定的格式和要求编制的工程预算文件。

1.1.1.10 其他合同文件：是指经合同当事人约定的与工程施工有关的具有合同约束力的文件或书面协议。合同当事人可以在专用合同条款中进行约定。

1.1.2 合同当事人及其他相关方

1.1.2.1 合同当事人：是指发包人和（或）承包人。

1.1.2.2 发包人：是指与承包人签订合同协议书的当事人及取得该当事人资格的合法继承人。

1.1.2.3 承包人：是指与发包人签订合同协议书的，具有相应工程施工承包资质的当事人及取得该当事人资格的合法继承人。

1.1.2.4 监理人：是指在专用合同条款中指明的，受发包人委托按照法律规定进行工程监督管理的法人或其他组织。

1.1.2.5 设计人：是指在专用合同条款中指明的，受发包人委托负责工程设计并具备相应工程设计资质的法人或其他组织。

1.1.2.6 分包人：是指按照法律规定和合同约定，分包部分工程或工作，并与承包人签订分包合同的具有相应资质的法人。

1.1.2.7 发包人代表：是指由发包人任命并派驻施工现场在发包人授权范围内行使发包人权利的人。

1.1.2.8 项目经理：是指由承包人任命并派驻施工现场，在承包人授权范围内负责合同履行，且按照法律规定具有相应资格的项目负责人。

1.1.2.9 总监理工程师：是指由监理人任命并派驻施工现场进行工程监理的总负责人。

1.1.3 工程和设备

1.1.3.1 工程：是指与合同协议书中工程承包范围对应的永久工程和（或）临时工程。

1.1.3.2 永久工程：是指按合同约定建造并移交给发包人的工程，包括工程设备。

1.1.3.3 临时工程：是指为完成合同约定的永久工程所修建的各类临时性工程，不包括施工设备。

1.1.3.4 单位工程：是指在合同协议书中指明的，具备独立施工条件并能形成独立使用功能的永久工程。

1.1.3.5 工程设备：是指构成永久工程的机电设备、金属结构设备、仪器及其他类似的设备和装置。

1.1.3.6 施工设备：是指为完成合同约定的各项工作所需的设备、器具和其他物品，但不包括工程设备、临时工程和材料。

1.1.3.7 施工现场：是指用于工程施工的场所，以及在专用合同条款中指明作为施工场所组成部分的其他场所，包括永久占地和临时占地。

1.1.3.8 临时设施：是指为完成合同约定的各项工作所服务的临时性生产和生活设施。

1.1.3.9 永久占地：是指专用合同条款中指明为实施工程需永久占用的土地。

1.1.3.10 临时占地：是指专用合同条款中指明为实施工程需要临时占用的土地。

1.1.4 日期和期限

1.1.4.1　开工日期：包括计划开工日期和实际开工日期。计划开工日期是指合同协议书约定的开工日期；实际开工日期是指监理人按照第7.3.2项（开工通知）约定发出的符合法律规定的开工通知中载明的开工日期。

1.1.4.2　竣工日期：包括计划竣工日期和实际竣工日期。计划竣工日期是指合同协议书约定的竣工日期；实际竣工日期按照第13.2.3项（竣工日期）的约定确定。

1.1.4.3　工期：是指在合同协议书约定的承包人完成工程所需的期限，包括按照合同约定所作的期限变更。

1.1.4.4　缺陷责任期：是指承包人按照合同约定承担缺陷修复义务，且发包人预留质量保证金的期限，自工程实际竣工日期起计算。

1.1.4.5　保修期：是指承包人按照合同约定对工程承担保修责任的期限，从工程竣工验收合格之日起计算。

1.1.4.6　基准日期：招标发包的工程以投标截止日前28天的日期为基准日期，直接发包的工程以合同签订日前28天的日期为基准日期。

1.1.4.7　天：除特别指明外，均指日历天。合同中按天计算时间的，开始当天不计入，从次日开始计算，期限最后一天的截止时间为当天24：00。

1.1.5　合同价格和费用

1.1.5.1　签约合同价：是指发包人和承包人在合同协议书中确定的总金额，包括安全文明施工费、暂估价及暂列金额等。

1.1.5.2　合同价格：是指发包人用于支付承包人按照合同约定完成承包范围内全部工作的金额，包括合同履行过程中按合同约定发生的价格变化。

1.1.5.3　费用：是指为履行合同所发生的或将要发生的所有必需的开支，包括管理费和应分摊的其他费用，但不包括利润。

1.1.5.4　暂估价：是指发包人在工程量清单或预算书中提供的用于支付必然发生但暂时不能确定价格的材料、工程设备的单价、专业工程以及服务工作的金额。

1.1.5.5　暂列金额：是指发包人在工程量清单或预算书中暂定并包括在合同价格中的一笔款项，用于工程合同签订时尚未确定或者不可预见的所需材料、工程设备、服务的采购，施工中可能发生的工程变更、合同约定调整因素出现时的合同价格调整以及发生的索赔、现场签证确认等的费用。

1.1.5.6　计日工：是指合同履行过程中，承包人完成发包人提出的零星工作或需要采用计日工计价的变更工作时，按合同中约定的单价计价的一种方式。

1.1.5.7　质量保证金：是指按照第15.3款（质量保证金）约定承包人用于保证其在缺陷责任期内履行缺陷修补义务的担保。

1.1.5.8　总价项目：是指在现行国家、行业以及地方的计量规则中无工程量计算规则，在已标价工程量清单或预算书中以总价或以费率形式计算的项目。

1.1.6　其他

书面形式：是指合同文件、信函、电报、传真等可以有形地表现所载内容的形式。

1.2　语言文字

合同以中国的汉语简体文字编写、解释和说明。合同当事人在专用合同条款中约定使用两种以上语言时，汉语为优先解释和说明合同的语言。

1.3　法律

合同所称法律是指中华人民共和国法律、行政法规、部门规章，以及工程所在地的地方性法规、自治条例、单行条例和地方政府规章等。

合同当事人可以在专用合同条款中约定合同适用的其他规范性文件。

1.4　标准和规范

1.4.1　适用于工程的国家标准、行业标准、工程所在地的地方性标准，以及相应的规范、规程等，合同当事人有特别要求的，应在专用合同条款中约定。

1.4.2　发包人要求使用国外标准、规范的，发包人负责提供原文版本和中文译本，并在专用合同条款中约定提供标准规范的名称、份数和时间。

1.4.3　发包人对工程的技术标准、功能要求高于或严于现行国家、行业或地方标准的，应当在专用合同条款中予以明确。除专用合同条款另有约定外，应视为承包人在签订合同前已充分预见前述技术标准和功能要求的复杂程度，签约合同价中已包含由此产生的费用。

1.5　合同文件的优先顺序

组成合同的各项文件应互相解释，互为说明。除专用合同条款另有约定外，解释合同文件的优先顺序如下：

(1) 合同协议书；

(2) 中标通知书（如果有）；

(3) 投标函及其附录（如果有）；

(4) 专用合同条款及其附件；

(5) 通用合同条款；

(6) 技术标准和要求；

(7) 图纸；

(8) 已标价工程量清单或预算书；

(9) 其他合同文件。

上述各项合同文件包括合同当事人就该项合同文件所作出的补充和修改，属于同一类内容的文件，应以最新签署的为准。

在合同订立及履行过程中形成的与合同有关的文件均构成合同文件组成部分，并根据其性质确定优先解释顺序。

1.6　图纸和承包人文件

1.6.1　图纸的提供和交底

发包人应按照专用合同条款约定的期限、数量和内容向承包人免费提供图纸，并组织承包人、监理人和设计人进行图纸会审和设计交底。发包人至迟不得晚于第7.3.2项（开工通知）载明的开工日期前14天向承包人提供图纸。

因发包人未按合同约定提供图纸导致承包人费用增加和（或）工期延误的，按照第7.5.1项（因发包人原因导致工期延误）约定办理。

1.6.2　图纸的错误

承包人在收到发包人提供的图纸后，发现图纸存在差错、遗漏或缺陷的，应及时通知监理人。监理人接到该通知后，应附具相关意见并立即报送发包人，发包人应在收到监理人报送的通知后的合理时间内做出决定。合理时间是指发包人在收到监理人的报送通知后，尽其努力且不懈怠地完成图纸修改补充所需的时间。

1.6.3 图纸的修改和补充

图纸需要修改和补充的，应经图纸原设计人及审批部门同意，并由监理人在工程或工程相应部位施工前将修改后的图纸或补充图纸提交给承包人，承包人应按修改或补充后的图纸施工。

1.6.4 承包人文件

承包人应按照专用合同条款的约定提供应当由其编制的与工程施工有关的文件，并按照专用合同条款约定的期限、数量和形式提交监理人，并由监理人报送发包人。

除专用合同条款另有约定外，监理人应在收到承包人文件后7天内审查完毕，监理人对承包人文件有异议的，承包人应予以修改，并重新报送监理人。监理人的审查并不减轻或免除承包人根据合同约定应当承担的责任。

1.6.5 图纸和承包人文件的保管

除专用合同条款另有约定外，承包人应在施工现场另外保存一套完整的图纸和承包人文件，供发包人、监理人及有关人员进行工程检查时使用。

1.7 联络

1.7.1 与合同有关的通知、批准、证明、证书、指示、指令、要求、请求、同意、意见、确定和决定等，均应采用书面形式，并应在合同约定的期限内送达接收人和送达地点。

1.7.2 发包人和承包人应在专用合同条款中约定各自的送达接收人和送达地点。任何一方合同当事人指定的接收人或送达地点发生变动的，应提前3天以书面形式通知对方。

1.7.3 发包人和承包人应当及时签收另一方送至指定地点和指定接收人的来往信函。拒不签收的，由此增加的费用和（或）延误的工期由拒绝接收一方承担。

1.8 严禁贿赂

合同当事人不得以贿赂或变相贿赂的方式，谋取非法利益或损害对方权益。因一方合同当事人的贿赂造成对方损失的，应赔偿损失，并承担相应的法律责任。

承包人不得与监理人或发包人聘请的第三方串通损害发包人利益。未经发包人书面同意，承包人不得为监理人提供合同约定以外的通信设备、交通工具及其他任何形式的利益，不得向监理人支付报酬。

1.9 化石、文物

在施工现场发掘的所有文物、古迹以及具有地质研究或考古价值的其他遗迹、化石、钱币或物品属于国家所有。一旦发现上述文物，承包人应采取合理有效的保护措施，防止任何人员移动或损坏上述物品，并立即报告有关政府行政管理部门，同时通知监理人。

发包人、监理人和承包人应按有关政府行政管理部门要求采取妥善的保护措施，由此增加的费用和（或）延误的工期由发包人承担。

承包人发现文物后不及时报告或隐瞒不报，致使文物丢失或损坏的，应赔偿损失，并承担相应的法律责任。

1.10　交通运输

1.10.1　出入现场的权利

除专用合同条款另有约定外，发包人应根据施工需要，负责取得出入施工现场所需的批准手续和全部权利，以及取得因施工所需修建道路、桥梁以及其他基础设施的权利，并承担相关手续费用和建设费用。承包人应协助发包人办理修建场内外道路、桥梁以及其他基础设施的手续。

承包人应在订立合同前查勘施工现场，并根据工程规模及技术参数合理预见工程施工所需的进出施工现场的方式、手段、路径等。因承包人未合理预见所增加的费用和（或）延误的工期由承包人承担。

1.10.2　场外交通

发包人应提供场外交通设施的技术参数和具体条件，承包人应遵守有关交通法规，严格按照道路和桥梁的限制荷载行驶，执行有关道路限速、限行、禁止超载的规定，并配合交通管理部门的监督和检查。场外交通设施无法满足工程施工需要的，由发包人负责完善并承担相关费用。

1.10.3　场内交通

发包人应提供场内交通设施的技术参数和具体条件，并应按照专用合同条款的约定向承包人免费提供满足工程施工所需的场内道路和交通设施。因承包人原因造成上述道路或交通设施损坏的，承包人负责修复并承担由此增加的费用。

除发包人按照合同约定提供的场内道路和交通设施外，承包人负责修建、维修、养护和管理施工所需的其他场内临时道路和交通设施。发包人和监理人可以为实现合同目的使用承包人修建的场内临时道路和交通设施。

场外交通和场内交通的边界由合同当事人在专用合同条款中约定。

1.10.4　超大件和超重件的运输

由承包人负责运输的超大件或超重件，应由承包人负责向交通管理部门办理申请手续，发包人给予协助。运输超大件或超重件所需的道路和桥梁临时加固改造费用和其他有关费用，由承包人承担，但专用合同条款另有约定除外。

1.10.5　道路和桥梁的损坏责任

因承包人运输造成施工场地内外公共道路和桥梁损坏的，由承包人承担修复损坏的全部费用和可能引起的赔偿。

1.10.6　水路和航空运输

本款前述各项的内容适用于水路运输和航空运输，其中“道路”一词的含义包括河道、航线、船闸、机场、码头、堤防以及水路或航空运输中其他相似结构物；“车辆”一词的含义包括船舶和飞机等。

1.11　知识产权

1.11.1　除专用合同条款另有约定外，发包人提供给承包人的图纸、发包人为实施工程自行编制或委托编制的技术规范以及反映发包人要求的或其他类似性质的文件的著作权属于发包人，承包人可以为实现合同目的而复制、使用此类文件，但不能用于与合同无关的其他事项。未经发包人书面同意，承包人不得为了合同以外的目的而复制、使用上述文件或将之提供给任何第三方。

1.11.2 除专用合同条款另有约定外，承包人为实施工程所编制的文件，除署名权以外的著作权属于发包人，承包人可因实施工程的运行、调试、维修、改造等目的而复制、使用此类文件，但不能用于与合同无关的其他事项。未经发包人书面同意，承包人不得为了合同以外的目的而复制、使用上述文件或将之提供给任何第三方。

1.11.3 合同当事人保证在履行合同过程中不侵犯对方及第三方的知识产权。承包人在使用材料、施工设备、工程设备或采用施工工艺时，因侵犯他人的专利权或其他知识产权所引起的责任，由承包人承担；因发包人提供的材料、施工设备、工程设备或施工工艺导致侵权的，由发包人承担责任。

1.11.4 除专用合同条款另有约定外，承包人在合同签订前和签订时已确定采用的专利、专有技术、技术秘密的使用费已包含在签约合同价中。

1.12 保密

除法律规定或合同另有约定外，未经发包人同意，承包人不得将发包人提供的图纸、文件以及声明需要保密的资料信息等商业秘密泄露给第三方。

除法律规定或合同另有约定外，未经承包人同意，发包人不得将承包人提供的技术秘密及声明需要保密的资料信息等商业秘密泄露给第三方。

1.13 工程量清单错误的修正

除专用合同条款另有约定外，发包人提供的工程量清单，应被认为是准确的和完整的。出现下列情形之一时，发包人应予以修正，并相应调整合同价格：

(1) 工程量清单存在缺项、漏项的；

(2) 工程量清单偏差超出专用合同条款约定的工程量偏差范围的；

(3) 未按照国家现行计量规范强制性规定计量的。

2 发包人

2.1 许可或批准

发包人应遵守法律，并办理法律规定由其办理的许可、批准或备案，包括但不限于建设用地规划许可证、建设工程规划许可证、建设工程施工许可证、施工所需临时用水、临时用电、中断道路交通、临时占用土地等许可和批准。发包人应协助承包人办理法律规定的有关施工证件和批件。

因发包人原因未能及时办理完毕前述许可、批准或备案，由发包人承担由此增加的费用和（或）延误的工期，并支付承包人合理的利润。

2.2 发包人代表

发包人应在专用合同条款中明确其派驻施工现场的发包人代表的姓名、职务、联系方式及授权范围等事项。发包人代表在发包人的授权范围内，负责处理合同履行过程中与发包人有关的具体事宜。发包人代表在授权范围内的行为由发包人承担法律责任。发包人更换发包人代表的，应提前7天书面通知承包人。

发包人代表不能按照合同约定履行其职责及义务，并导致合同无法继续正常履行的，承包人可以要求发包人撤换发包人代表。

不属于法定必须监理的工程，监理人的职权可以由发包人代表或发包人指定的其他人员行使。

2.3 发包人人员

发包人应要求在施工现场的发包人人员遵守法律及有关安全、质量、环境保护、文明施工等规定，并保障承包人免于承受因发包人人员未遵守上述要求给承包人造成的损失和责任。

发包人人员包括发包人代表及其他由发包人派驻施工现场的人员。

2.4 施工现场、施工条件和基础资料的提供

2.4.1 提供施工现场

除专用合同条款另有约定外，发包人应最迟于开工日期 7 天前向承包人移交施工现场。

2.4.2 提供施工条件

除专用合同条款另有约定外，发包人应负责提供施工所需要的条件，包括：

（1）将施工用水、电力、通信线路等施工所必需的条件接至施工现场内；

（2）保证向承包人提供正常施工所需要的进入施工现场的交通条件；

（3）协调处理施工现场周围地下管线和邻近建筑物、构筑物、古树名木的保护工作，并承担相关费用；

（4）按照专用合同条款约定应提供的其他设施和条件。

2.4.3 提供基础资料

发包人应当在移交施工现场前向承包人提供施工现场及工程施工所必需的毗邻区域内供水、排水、供电、供气、供热、通信、广播电视等地下管线资料，气象和水文观测资料，地质勘察资料，相邻建筑物、构筑物和地下工程等有关基础资料，并对所提供资料的真实性、准确性和完整性负责。

按照法律规定确需在开工后方能提供的基础资料，发包人应尽其努力及时地在相应工程施工前的合理期限内提供，合理期限应以不影响承包人的正常施工为限。

2.4.4 逾期提供的责任

因发包人原因未能按合同约定及时向承包人提供施工现场、施工条件、基础资料的，由发包人承担由此增加的费用和（或）延误的工期。

2.5 资金来源证明及支付担保

除专用合同条款另有约定外，发包人应在收到承包人要求提供资金来源证明的书面通知后 28 天内，向承包人提供能够按照合同约定支付合同价款的相应资金来源证明。

除专用合同条款另有约定外，发包人要求承包人提供履约担保的，发包人应当向承包人提供支付担保。支付担保可以采用银行保函或担保公司担保等形式，具体由合同当事人在专用合同条款中约定。

2.6 支付合同价款

发包人应按合同约定向承包人及时支付合同价款。

2.7 组织竣工验收

发包人应按合同约定及时组织竣工验收。

2.8 现场统一管理协议

发包人应与承包人、由发包人直接发包的专业工程的承包人签订施工现场统一管理协议，明确各方的权利义务。施工现场统一管理协议作为专用合同条款的附件。

3 承包人

3.1　承包人的一般义务

承包人在履行合同过程中应遵守法律和工程建设标准规范，并履行以下义务：

（1）办理法律规定应由承包人办理的许可和批准，并将办理结果书面报送发包人留存；

（2）按法律规定和合同约定完成工程，并在保修期内承担保修义务；

（3）按法律规定和合同约定采取施工安全和环境保护措施，办理工伤保险，确保工程及人员、材料、设备和设施的安全；

（4）按合同约定的工作内容和施工进度要求，编制施工组织设计和施工措施计划，并对所有施工作业和施工方法的完备性和安全可靠性负责；

（5）在进行合同约定的各项工作时，不得侵害发包人与他人使用公用道路、水源、市政管网等公共设施的权利，避免对邻近的公共设施产生干扰。承包人占用或使用他人的施工场地，影响他人作业或生活的，应承担相应责任；

（6）按照第6.3款（环境保护）约定负责施工场地及其周边环境与生态的保护工作；

（7）按第6.1款（安全文明施工）约定采取施工安全措施，确保工程及其人员、材料、设备和设施的安全，防止因工程施工造成的人身伤害和财产损失；

（8）将发包人按合同约定支付的各项价款专用于合同工程，且应及时支付其雇用人员工资，并及时向分包人支付合同价款；

（9）按照法律规定和合同约定编制竣工资料，完成竣工资料立卷及归档，并按专用合同条款约定的竣工资料的套数、内容、时间等要求移交发包人；

（10）应履行的其他义务。

3.2　项目经理

3.2.1　项目经理应为合同当事人所确认的人选，并在专用合同条款中明确项目经理的姓名、职称、注册执业证书编号、联系方式及授权范围等事项，项目经理经承包人授权后代表承包人负责履行合同。项目经理应是承包人正式聘用的员工，承包人应向发包人提交项目经理与承包人之间的劳动合同，以及承包人为项目经理缴纳社会保险的有效证明。承包人不提交上述文件的，项目经理无权履行职责，发包人有权要求更换项目经理，由此增加的费用和（或）延误的工期由承包人承担。

项目经理应常驻施工现场，且每月在施工现场时间不得少于专用合同条款约定的天数。项目经理不得同时担任其他项目的项目经理。项目经理确需离开施工现场时，应事先通知监理人，并取得发包人的书面同意。项目经理的通知中应当载明临时代行其职责的人员的注册执业资格、管理经验等资料，该人员应具备履行相应职责的能力。

承包人违反上述约定的，应按照专用合同条款的约定，承担违约责任。

3.2.2　项目经理按合同约定组织工程实施。在紧急情况下为确保施工安全和人员安全，在无法与发包人代表和总监理工程师及时取得联系时，项目经理有权采取必要的措施保证与工程有关的人身、财产和工程的安全，但应在48小时内向发包人代表和总监理工程师提交书面报告。

3.2.3　承包人需要更换项目经理的，应提前14天书面通知发包人和监理人，并征得发包人书面同意。通知中应当载明继任项目经理的注册执业资格、管理经验等资料，继任项目经理继续履行第3.2.1项约定的职责。未经发包人书面同意，承包人不得擅自更换项目经理。承包人擅自更换项目经理的，应按照专用合同条款的约定承担违约责任。

3.2.4 发包人有权书面通知承包人更换其认为不称职的项目经理，通知中应当载明要求更换的理由。承包人应在接到更换通知后14天内向发包人提出书面的改进报告。发包人收到改进报告后仍要求更换的，承包人应在接到第二次更换通知的28天内进行更换，并将新任命的项目经理的注册执业资格、管理经验等资料书面通知发包人。继任项目经理继续履行第3.2.1项约定的职责。承包人无正当理由拒绝更换项目经理的，应按照专用合同条款的约定承担违约责任。

3.2.5 项目经理因特殊情况授权其下属人员履行其某项工作职责的，该下属人员应具备履行相应职责的能力，并应提前7天将上述人员的姓名和授权范围书面通知监理人，并征得发包人书面同意。

3.3 承包人人员

3.3.1 除专用合同条款另有约定外，承包人应在接到开工通知后7天内，向监理人提交承包人项目管理机构及施工现场人员安排的报告，其内容应包括合同管理、施工、技术、材料、质量、安全、财务等主要施工管理人员名单及其岗位、注册执业资格等，以及各工种技术工人的安排情况，并同时提交主要施工管理人员与承包人之间的劳动关系证明和缴纳社会保险的有效证明。

3.3.2 承包人派驻到施工现场的主要施工管理人员应相对稳定。施工过程中如有变动，承包人应及时向监理人提交施工现场人员变动情况的报告。承包人更换主要施工管理人员时，应提前7天书面通知监理人，并征得发包人书面同意。通知中应当载明继任人员的注册执业资格、管理经验等资料。

特殊工种作业人员均应持有相应的资格证明，监理人可以随时检查。

3.3.3 发包人对于承包人主要施工管理人员的资格或能力有异议的，承包人应提供资料证明被质疑人员有能力完成其岗位工作或不存在发包人所质疑的情形。发包人要求撤换不能按照合同约定履行职责及义务的主要施工管理人员的，承包人应当撤换。承包人无正当理由拒绝撤换的，应按照专用合同条款的约定承担违约责任。

3.3.4 除专用合同条款另有约定外，承包人的主要施工管理人员离开施工现场每月累计不超过5天的，应报监理人同意；离开施工现场每月累计超过5天的，应通知监理人，并征得发包人书面同意。主要施工管理人员离开施工现场前应指定一名有经验的人员临时代行其职责，该人员应具备履行相应职责的资格和能力，且应征得监理人或发包人的同意。

3.3.5 承包人擅自更换主要施工管理人员，或前述人员未经监理人或发包人同意擅自离开施工现场的，应按照专用合同条款约定承担违约责任。

3.4 承包人现场查勘

承包人应对基于发包人按照第2.4.3项（提供基础资料）提交的基础资料所做出的解释和推断负责，但因基础资料存在错误、遗漏导致承包人解释或推断失实的，由发包人承担责任。

承包人应对施工现场和施工条件进行查勘，并充分了解工程所在地的气象条件、交通条件、风俗习惯以及其他与完成合同工作有关的其他资料。因承包人未能充分查勘、了解前述情况或未能充分估计前述情况所可能产生后果的，承包人承担由此增加的费用和（或）延误的工期。

3.5 分包

3.5.1 分包的一般约定

承包人不得将其承包的全部工程转包给第三人，或将其承包的全部工程肢解后以分包的名义转包给第三人。承包人不得将工程主体结构、关键性工作及专用合同条款中禁止分包的专业工程分包给第三人，主体结构、关键性工作的范围由合同当事人按照法律规定在专用合同条款中予以明确。

承包人不得以劳务分包的名义转包或违法分包工程。

3.5.2 分包的确定

承包人应按专用合同条款的约定进行分包，确定分包人。已标价工程量清单或预算书中给定暂估价的专业工程，按照第10.7款（暂估价）确定分包人。按照合同约定进行分包的，承包人应确保分包人具有相应的资质和能力。工程分包不减轻或免除承包人的责任和义务，承包人和分包人就分包工程向发包人承担连带责任。除合同另有约定外，承包人应在分包合同签订后7天内向发包人和监理人提交分包合同副本。

3.5.3 分包管理

承包人应向监理人提交分包人的主要施工管理人员表，并对分包人的施工人员进行实名制管理，包括但不限于进出场管理、登记造册以及各种证照的办理。

3.5.4 分包合同价款

(1) 除本项第(2)条约定的情况或专用合同条款另有约定外，分包合同价款由承包人与分包人结算，未经承包人同意，发包人不得向分包人支付分包工程价款；

(2) 生效法律文书要求发包人向分包人支付分包合同价款的，发包人有权从应付承包人工程款中扣除该部分款项。

3.5.5 分包合同权益的转让

分包人在分包合同项下的义务持续到缺陷责任期届满以后的，发包人有权在缺陷责任期届满前，要求承包人将其在分包合同项下的权益转让给发包人，承包人应当转让。除转让合同另有约定外，转让合同生效后，由分包人向发包人履行义务。

3.6 工程照管与成品、半成品保护

(1) 除专用合同条款另有约定外，自发包人向承包人移交施工现场之日起，承包人应负责照管工程及工程相关的材料、工程设备，直到颁发工程接收证书之日止。

(2) 在承包人负责照管期间，因承包人原因造成工程、材料、工程设备损坏的，由承包人负责修复或更换，并承担由此增加的费用和（或）延误的工期。

(3) 对合同内分期完成的成品和半成品，在工程接收证书颁发前，由承包人承担保护责任。因承包人原因造成成品或半成品损坏的，由承包人负责修复或更换，并承担由此增加的费用和（或）延误的工期。

3.7 履约担保

发包人需要承包人提供履约担保的，由合同当事人在专用合同条款中约定履约担保的方式、金额及期限等。履约担保可以采用银行保函或担保公司担保等形式，具体由合同当事人在专用合同条款中约定。

因承包人原因导致工期延长的，继续提供履约担保所增加的费用由承包人承担；非因承包人原因导致工期延长的，继续提供履约担保所增加的费用由发包人承担。

3.8 联合体

3.8.1 联合体各方应共同与发包人签订合同协议书。联合体各方应为履行合同向发包人承担连带责任。

3.8.2 联合体协议经发包人确认后作为合同附件。在履行合同过程中，未经发包人同意，不得修改联合体协议。

3.8.3 联合体牵头人负责与发包人和监理人联系，并接受指示，负责组织联合体各成员全面履行合同。

4 监理人

4.1 监理人的一般规定

工程实行监理的，发包人和承包人应在专用合同条款中明确监理人的监理内容及监理权限等事项。监理人应当根据发包人授权及法律规定，代表发包人对工程施工相关事项进行检查、查验、审核、验收，并签发相关指示，但监理人无权修改合同，且无权减轻或免除合同约定的承包人的任何责任与义务。

除专用合同条款另有约定外，监理人在施工现场的办公场所、生活场所由承包人提供，所发生的费用由发包人承担。

4.2 监理人员

发包人授予监理人对工程实施监理的权利由监理人派驻施工现场的监理人员行使，监理人员包括总监理工程师及监理工程师。监理人应将授权的总监理工程师和监理工程师的姓名及授权范围以书面形式提前通知承包人。更换总监理工程师的，监理人应提前 7 天书面通知承包人；更换其他监理人员，监理人应提前 48 小时书面通知承包人。

4.3 监理人的指示

监理人应按照发包人的授权发出监理指示。监理人的指示应采用书面形式，并经其授权的监理人员签字。紧急情况下，为了保证施工人员的安全或避免工程受损，监理人员可以口头形式发出指示，该指示与书面形式的指示具有同等法律效力，但必须在发出口头指示后 24 小时内补发书面监理指示，补发的书面监理指示应与口头指示一致。

监理人发出的指示应送达承包人项目经理或经项目经理授权接收的人员。因监理人未能按合同约定发出指示、指示延误或发出了错误指示而导致承包人费用增加和（或）工期延误的，由发包人承担相应责任。除专用合同条款另有约定外，总监理工程师不应将第 4.4 款〔商定或确定〕约定应由总监理工程师做出确定的权力授权或委托给其他监理人员。

承包人对监理人发出的指示有疑问的，应向监理人提出书面异议，监理人应在 48 小时内对该指示予以确认、更改或撤销，监理人逾期未回复的，承包人有权拒绝执行上述指示。

监理人对承包人的任何工作、工程或其采用的材料和工程设备未在约定的或合理期限内提出意见的，视为批准，但不免除或减轻承包人对该工作、工程、材料、工程设备等应承担的责任和义务。

4.4 商定或确定

合同当事人进行商定或确定时，总监理工程师应当会同合同当事人尽量通过协商达成一致，不能达成一致的，由总监理工程师按照合同约定审慎做出公正的确定。

总监理工程师应将确定以书面形式通知发包人和承包人，并附详细依据。合同当事人对总监理工程师的确定没有异议的，按照总监理工程师的确定执行。任何一方合同当事人有异议，按照第20条（争议解决）约定处理。争议解决前，合同当事人暂按总监理工程师的确定执行；争议解决后，争议解决的结果与总监理工程师的确定不一致的，按照争议解决的结果执行，由此造成的损失由责任人承担。

5 工程质量

5.1 质量要求

5.1.1 工程质量标准必须符合现行国家有关工程施工质量验收规范和标准的要求。有关工程质量的特殊标准或要求由合同当事人在专用合同条款中约定。

5.1.2 因发包人原因造成工程质量未达到合同约定标准的，由发包人承担由此增加的费用和（或）延误的工期，并支付承包人合理的利润。

5.1.3 因承包人原因造成工程质量未达到合同约定标准的，发包人有权要求承包人返工直至工程质量达到合同约定的标准为止，并由承包人承担由此增加的费用和（或）延误的工期。

5.2 质量保证措施

5.2.1 发包人的质量管理

发包人应按照法律规定及合同约定完成与工程质量有关的各项工作。

5.2.2 承包人的质量管理

承包人按照第7.1款（施工组织设计）约定向发包人和监理人提交工程质量保证体系及措施文件，建立完善的质量检查制度，并提交相应的工程质量文件。对于发包人和监理人违反法律规定和合同约定的错误指示，承包人有权拒绝实施。

承包人应对施工人员进行质量教育和技术培训，定期考核施工人员的劳动技能，严格执行施工规范和操作规程。

承包人应按照法律规定和发包人的要求，对材料、工程设备以及工程的所有部位及其施工工艺进行全过程的质量检查和检验，并作详细记录，编制工程质量报表，报送监理人审查。此外，承包人还应按照法律规定和发包人的要求，进行施工现场取样试验、工程复核测量和设备性能检测，提供试验样品、提交试验报告和测量成果以及其他工作。

5.2.3 监理人的质量检查和检验

监理人按照法律规定和发包人授权对工程的所有部位及其施工工艺、材料和工程设备进行检查和检验。承包人应为监理人的检查和检验提供方便，包括监理人到施工现场，或制造、加工地点，或合同约定的其他地方进行察看和查阅施工原始记录。监理人为此进行的检查和检验，不免除或减轻承包人按照合同约定应当承担的责任。

监理人的检查和检验不应影响施工正常进行。监理人的检查和检验影响施工正常进行的，且经检查检验不合格的，影响正常施工的费用由承包人承担，工期不予顺延；经检查检验合格的，由此增加的费用和（或）延误的工期由发包人承担。

5.3 隐蔽工程检查

5.3.1 承包人自检

承包人应当对工程隐蔽部位进行自检，并经自检确认是否具备覆盖条件。

5.3.2 检查程序

除专用合同条款另有约定外，工程隐蔽部位经承包人自检确认具备覆盖条件的，承包人应在共同检查前48小时书面通知监理人检查，通知中应载明隐蔽检查的内容、时间和地点，并应附有自检记录和必要的检查资料。

监理人应按时到场并对隐蔽工程及其施工工艺、材料和工程设备进行检查。经监理人检查确认质量符合隐蔽要求，并在验收记录上签字后，承包人才能进行覆盖。经监理人检查质量不合格的，承包人应在监理人指示的时间内完成修复，并由监理人重新检查，由此增加的费用和（或）延误的工期由承包人承担。

除专用合同条款另有约定外，监理人不能按时进行检查的，应在检查前24小时向承包人提交书面延期要求，但延期不能超过48小时，由此导致工期延误的，工期应予以顺延。监理人未按时进行检查，也未提出延期要求的，视为隐蔽工程检查合格，承包人可自行完成覆盖工作，并作相应记录报送监理人，监理人应签字确认。监理人事后对检查记录有疑问的，可按第5.3.3项（重新检查）的约定重新检查。

5.3.3　重新检查

承包人覆盖工程隐蔽部位后，发包人或监理人对质量有疑问的，可要求承包人对已覆盖的部位进行钻孔探测或揭开重新检查，承包人应遵照执行，并在检查后重新覆盖恢复原状。经检查证明工程质量符合合同要求的，由发包人承担由此增加的费用和（或）延误的工期，并支付承包人合理的利润；经检查证明工程质量不符合合同要求的，由此增加的费用和（或）延误的工期由承包人承担。

5.3.4　承包人私自覆盖

承包人未通知监理人到场检查，私自将工程隐蔽部位覆盖的，监理人有权指示承包人钻孔探测或揭开检查，无论工程隐蔽部位质量是否合格，由此增加的费用和（或）延误的工期均由承包人承担。

5.4　不合格工程的处理

5.4.1　因承包人原因造成工程不合格的，发包人有权随时要求承包人采取补救措施，直至达到合同要求的质量标准，由此增加的费用和（或）延误的工期由承包人承担。无法补救的，按照第13.2.4项（拒绝接收全部或部分工程）约定执行。

5.4.2　因发包人原因造成工程不合格的，由此增加的费用和（或）延误的工期由发包人承担，并支付承包人合理的利润。

5.5　质量争议检测

合同当事人对工程质量有争议的，由双方协商确定的工程质量检测机构鉴定，由此产生的费用及因此造成的损失，由责任方承担。

合同当事人均有责任的，由双方根据其责任分别承担。合同当事人无法达成一致的，按照第4.4款（商定或确定）执行。

6　安全文明施工与环境保护

6.1　安全文明施工

6.1.1　安全生产要求

合同履行期间，合同当事人均应当遵守国家和工程所在地有关安全生产的要求，合同当事人有特别要求的，应在专用合同条款中明确施工项目安全生产标准化达标目标及相应事项。承包人有权拒绝发包人及监理人强令承包人违章作业、冒险施工的任何指示。

在施工过程中，如遇到突发的地质变动、事先未知的地下施工障碍等影响施工安全的紧急情况，承包人应及时报告监理人和发包人，发包人应当及时下令停工并报政府有关行政管理部门采取应急措施。

因安全生产需要暂停施工的，按照第7.8款（暂停施工）的约定执行。

6.1.2 安全生产保证措施

承包人应当按照有关规定编制安全技术措施或者专项施工方案，建立安全生产责任制度、治安保卫制度及安全生产教育培训制度，并按安全生产法律规定及合同约定履行安全职责，如实编制工程安全生产的有关记录，接受发包人、监理人及政府安全监督部门的检查与监督。

6.1.3 特别安全生产事项

承包人应按照法律规定进行施工，开工前做好安全技术交底工作，施工过程中做好各项安全防护措施。承包人为实施合同而雇用的特殊工种的人员应受过专门的培训并已取得政府有关管理机构颁发的上岗证书。

承包人在动力设备、输电线路、地下管道、密封防震车间、易燃易爆地段以及临街交通要道附近施工时，施工开始前应向发包人和监理人提出安全防护措施，经发包人认可后实施。

实施爆破作业，在放射、毒害性环境中施工（含储存、运输、使用）及使用毒害性、腐蚀性物品施工时，承包人应在施工前7天以书面通知发包人和监理人，并报送相应的安全防护措施，经发包人认可后实施。

需单独编制危险性较大分部分项专项工程施工方案的，及要求进行专家论证的超过一定规模的危险性较大的分部分项工程，承包人应及时编制施工方案并组织论证。

6.1.4 治安保卫

除专用合同条款另有约定外，发包人应与当地公安部门协商，在现场建立治安管理机构或联防组织，统一管理施工场地的治安保卫事项，履行合同工程的治安保卫职责。

发包人和承包人除应协助现场治安管理机构或联防组织维护施工场地的社会治安外，还应做好包括生活区在内的各自管辖区的治安保卫工作。

除专用合同条款另有约定外，发包人和承包人应在工程开工后7天内共同编制施工场地治安管理计划，并制定应对突发治安事件的紧急预案。在工程施工过程中，发生暴乱、爆炸等恐怖事件，以及群殴、械斗等群体性突发治安事件的，发包人和承包人应立即向当地政府报告。发包人和承包人应积极协助当地有关部门采取措施平息事态，防止事态扩大，尽量避免人员伤亡和财产损失。

6.1.5 文明施工

承包人在工程施工期间，应当采取措施保持施工现场平整，物料堆放整齐。工程所在地有关政府行政管理部门有特殊要求的，按照其要求执行。合同当事人对文明施工有其他要求的，可以在专用合同条款中明确。

在工程移交之前，承包人应当从施工现场清除承包人的全部工程设备、多余材料、垃圾和各种临时工程，并保持施工现场清洁整齐。经发包人书面同意，承包人可在发包人指定的地点保留承包人履行保修期内的各项义务所需要的材料、施工设备和临时工程。

6.1.6 安全文明施工费

安全文明施工费由发包人承担，发包人不得以任何形式扣减该部分费用。因基准日期后合同所适用的法律或政府有关规定发生变化，增加的安全文明施工费由发包人承担。

承包人经发包人同意采取合同约定以外的安全措施所产生的费用，由发包人承担。未经发包人同意的，如果该措施避免了发包人的损失，则发包人在避免损失的额度内承担该措施费。如果该措施避免了承包人的损失，由承包人承担该措施费。

除专用合同条款另有约定外，发包人应在开工后 28 天内预付安全文明施工费总额的 50%，其余部分与进度款同期支付。发包人逾期支付安全文明施工费超过 7 天的，承包人有权向发包人发出要求预付的催告通知，发包人收到通知后 7 天内仍未支付的，承包人有权暂停施工，并按第 16.1.1 项（发包人违约的情形）执行。

承包人对安全文明施工费应专款专用，承包人应在财务账目中单独列项备查，不得挪作他用，否则发包人有权责令其限期改正；逾期未改正的，可以责令其暂停施工，由此增加的费用和（或）延误的工期由承包人承担。

6.1.7　紧急情况处理

在工程实施期间或缺陷责任期内发生危及工程安全的事件，监理人通知承包人进行抢救，承包人声明无能力或不愿立即执行的，发包人有权雇佣其他人员进行抢救。此类抢救按合同约定属于承包人义务的，由此增加的费用和（或）延误的工期由承包人承担。

6.1.8　事故处理

工程施工过程中发生事故的，承包人应立即通知监理人，监理人应立即通知发包人。发包人和承包人应立即组织人员和设备进行紧急抢救和抢修，减少人员伤亡和财产损失，防止事故扩大，并保护事故现场。需要移动现场物品时，应做出标记和书面记录，妥善保管有关证据。发包人和承包人应按国家有关规定，及时如实地向有关部门报告事故发生的情况，以及正在采取的紧急措施等。

6.1.9　安全生产责任

6.1.9.1　发包人的安全责任

发包人应负责赔偿以下各种情况造成的损失：

（1）工程或工程的任何部分对土地的占用所造成的第三者财产损失；

（2）由于发包人原因在施工场地及其毗邻地带造成的第三者人身伤亡和财产损失；

（3）由于发包人原因对承包人、监理人造成的人员人身伤亡和财产损失；

（4）由于发包人原因造成的发包人自身人员的人身伤害以及财产损失。

6.1.9.2　承包人的安全责任

由于承包人原因在施工场地内及其毗邻地带造成的发包人、监理人以及第三者人员伤亡和财产损失，由承包人负责赔偿。

6.2　职业健康

6.2.1　劳动保护

承包人应按照法律规定安排现场施工人员的劳动和休息时间，保障劳动者的休息时间，并支付合理的报酬和费用。承包人应依法为其履行合同所雇用的人员办理必要的证件、许可、保险和注册等，承包人应督促其分包人为分包人所雇用的人员办理必要的证件、许可、保险和注册等。

承包人应按照法律规定保障现场施工人员的劳动安全，并提供劳动保护，并应按国家有关劳动保护的规定，采取有效的防止粉尘、降低噪声、控制有害气体和保障高温、高寒、高空作业安全等劳动保护措施。承包人雇佣人员在施工中受到伤害的，承包人应立即采取有效措施进行抢救和治疗。

承包人应按法律规定安排工作时间，保证其雇佣人员享有休息和休假的权利。因工程施工的特殊需要占用休假日或延长工作时间的，应不超过法律规定的限度，并按法律规定给予补休或付酬。

6.2.2 生活条件

承包人应为其履行合同所雇用的人员提供必要的膳宿条件和生活环境；承包人应采取有效措施预防传染病，保证施工人员的健康，并定期对施工现场、施工人员生活基地和工程进行防疫和卫生的专业检查和处理，在远离城镇的施工场地，还应配备必要的伤病防治和急救的医务人员与医疗设施。

6.3 环境保护

承包人应在施工组织设计中列明环境保护的具体措施。在合同履行期间，承包人应采取合理措施保护施工现场环境。对施工作业过程中可能引起的大气、水、噪声以及固体废物污染采取具体可行的防范措施。

承包人应当承担因其原因引起的环境污染侵权损害赔偿责任，因上述环境污染引起纠纷而导致暂停施工的，由此增加的费用和（或）延误的工期由承包人承担。

7 工期和进度

7.1 施工组织设计

7.1.1 施工组织设计的内容

施工组织设计应包含以下内容：

（1）施工方案；

（2）施工现场平面布置图；

（3）施工进度计划和保证措施；

（4）劳动力及材料供应计划；

（5）施工机械设备的选用；

（6）质量保证体系及措施；

（7）安全生产、文明施工措施；

（8）环境保护、成本控制措施；

（9）合同当事人约定的其他内容。

7.1.2 施工组织设计的提交和修改

除专用合同条款另有约定外，承包人应在合同签订后14天内，但至迟不得晚于第7.3.2项〔开工通知〕载明的开工日期前7天，向监理人提交详细的施工组织设计，并由监理人报送发包人。除专用合同条款另有约定外，发包人和监理人应在监理人收到施工组织设计后7天内确认或提出修改意见。对发包人和监理人提出的合理意见和要求，承包人应自费修改完善。根据工程实际情况需要修改施工组织设计的，承包人应向发包人和监理人提交修改后的施工组织设计。

施工进度计划的编制和修改按照第7.2款〔施工进度计划〕执行。

7.2 施工进度计划

7.2.1 施工进度计划的编制

承包人应按照第7.1款（施工组织设计）约定提交详细的施工进度计划，施工进度计划的编制应当符合国家法律规定和一般工程实践惯例，施工进度计划经发包人批准后实施。施工进度计划是控制工程进度的依据，发包人和监理人有权按照施工进度计划检查工程进度情况。

7.2.2 施工进度计划的修订

施工进度计划不符合合同要求或与工程的实际进度不一致的，承包人应向监理人提交修订的施工进度计划，并附具有关措施和相关资料，由监理人报送发包人。除专用合同条款另有约定外，发包人和监理人应在收到修订的施工进度计划后7天内完成审核和批准或提出修改意见。发包人和监理人对承包人提交的施工进度计划的确认，不能减轻或免除承包人根据法律规定和合同约定应承担的任何责任或义务。

7.3 开工

7.3.1 开工准备

除专用合同条款另有约定外，承包人应按照第7.1款（施工组织设计）约定的期限，向监理人提交工程开工报审表，经监理人报发包人批准后执行。开工报审表应详细说明按施工进度计划正常施工所需的施工道路、临时设施、材料、工程设备、施工设备、施工人员等落实情况以及工程的进度安排。

除专用合同条款另有约定外，合同当事人应按约定完成开工准备工作。

7.3.2 开工通知

发包人应按照法律规定获得工程施工所需的许可。经发包人同意后，监理人发出的开工通知应符合法律规定。监理人应在计划开工日期7天前向承包人发出开工通知，工期自开工通知中载明的开工日期起算。

除专用合同条款另有约定外，因发包人原因造成监理人未能在计划开工日期之日起90天内发出开工通知的，承包人有权提出价格调整要求，或者解除合同。发包人应当承担由此增加的费用和（或）延误的工期，并向承包人支付合理利润。

7.4 测量放线

7.4.1 除专用合同条款另有约定外，发包人应在至迟不得晚于第7.3.2项（开工通知）载明的开工日期前7天通过监理人向承包人提供测量基准点、基准线和水准点及其书面资料。发包人应对其提供的测量基准点、基准线和水准点及其书面资料的真实性、准确性和完整性负责。

承包人发现发包人提供的测量基准点、基准线和水准点及其书面资料存在错误或疏漏的，应及时通知监理人。监理人应及时报告发包人，并会同发包人和承包人予以核实。发包人应就如何处理和是否继续施工做出决定，并通知监理人和承包人。

7.4.2 承包人负责施工过程中的全部施工测量放线工作，并配置具有相应资质的人员、合格的仪器、设备和其他物品。承包人应矫正工程的位置、标高、尺寸或准线中出现的任何差错，并对工程各部分的定位负责。

施工过程中对施工现场内水准点等测量标志物的保护工作由承包人负责。

7.5 工期延误

7.5.1 因发包人原因导致工期延误

在合同履行过程中，因下列情况导致工期延误和（或）费用增加的，由发包人承担由此延误的工期和（或）增加的费用，且发包人应支付承包人合理的利润：

(1) 发包人未能按合同约定提供图纸或所提供图纸不符合合同约定的；

(2) 发包人未能按合同约定提供施工现场、施工条件、基础资料、许可、批准等开工条件的；

(3) 发包人提供的测量基准点、基准线和水准点及其书面资料存在错误或疏漏的；

(4) 发包人未能在计划开工日期之日起 7 天内同意下达开工通知的；

(5) 发包人未能按合同约定日期支付工程预付款、进度款或竣工结算款的；

(6) 监理人未按合同约定发出指示、批准等文件的；

(7) 专用合同条款中约定的其他情形。

因发包人原因未按计划开工日期开工的，发包人应按实际开工日期顺延竣工日期，确保实际工期不低于合同约定的工期总日历天数。因发包人原因导致工期延误需要修订施工进度计划的，按照第 7.2.2 项（施工进度计划的修订）执行。

7.5.2 因承包人原因导致工期延误

因承包人原因造成工期延误的，可以在专用合同条款中约定逾期竣工违约金的计算方法和逾期竣工违约金的上限。承包人支付逾期竣工违约金后，不免除承包人继续完成工程及修补缺陷的义务。

7.6 不利物质条件

不利物质条件是指有经验的承包人在施工现场遇到的不可预见的自然物质条件、非自然的物质障碍和污染物，包括地表以下物质条件和水文条件以及专用合同条款约定的其他情形，但不包括气候条件。

承包人遇到不利物质条件时，应采取克服不利物质条件的合理措施继续施工，并及时通知发包人和监理人。通知应载明不利物质条件的内容以及承包人认为不可预见的理由。监理人经发包人同意后应当及时发出指示，指示构成变更的，按第 10 条（变更）约定执行。承包人因采取合理措施而增加的费用和（或）延误的工期由发包人承担。

7.7 异常恶劣的气候条件

异常恶劣的气候条件是指在施工过程中遇到的，有经验的承包人在签订合同时不可预见的，对合同履行造成实质性影响的，但尚未构成不可抗力事件的恶劣气候条件。合同当事人可以在专用合同条款中约定异常恶劣的气候条件的具体情形。

承包人应采取克服异常恶劣的气候条件的合理措施继续施工，并及时通知发包人和监理人。监理人经发包人同意后应当及时发出指示，指示构成变更的，按第 10 条（变更）约定办理。承包人因采取合理措施而增加的费用和（或）延误的工期由发包人承担。

7.8 暂停施工

7.8.1 发包人原因引起的暂停施工

因发包人原因引起暂停施工的，监理人经发包人同意后，应及时下达暂停施工指示。情况紧急且监理人未及时下达暂停施工指示的，按照第 7.8.4 项（紧急情况下的暂停施工）执行。

因发包人原因引起的暂停施工，发包人应承担由此增加的费用和（或）延误的工期，并支付承包人合理的利润。

7.8.2　承包人原因引起的暂停施工

因承包人原因引起的暂停施工，承包人应承担由此增加的费用和（或）延误的工期，且承包人在收到监理人复工指示后84天内仍未复工的，视为第16.2.1项（承包人违约的情形）第（7）条约定的承包人无法继续履行合同的情形。

7.8.3　指示暂停施工

监理人认为有必要时，并经发包人批准后，可向承包人做出暂停施工的指示，承包人应按监理人指示暂停施工。

7.8.4　紧急情况下的暂停施工

因紧急情况需暂停施工，且监理人未及时下达暂停施工指示的，承包人可先暂停施工，并及时通知监理人。监理人应在接到通知后24小时内发出指示，逾期未发出指示，视为同意承包人暂停施工。监理人不同意承包人暂停施工的，应说明理由，承包人对监理人的答复有异议，按照第20条（争议解决）约定处理。

7.8.5　暂停施工后的复工

暂停施工后，发包人和承包人应采取有效措施积极消除暂停施工的影响。在工程复工前，监理人会同发包人和承包人确定因暂停施工造成的损失，并确定工程复工条件。当工程具备复工条件时，监理人应经发包人批准后向承包人发出复工通知，承包人应按照复工通知要求复工。

承包人无故拖延和拒绝复工的，承包人承担由此增加的费用和（或）延误的工期；因发包人原因无法按时复工的，按照第7.5.1项（因发包人原因导致工期延误）约定办理。

7.8.6　暂停施工持续56天以上

监理人发出暂停施工指示后56天内未向承包人发出复工通知，除该项停工属于第7.8.2项（承包人原因引起的暂停施工）及第17条（不可抗力）约定的情形外，承包人可向发包人提交书面通知，要求发包人在收到书面通知后28天内准许已暂停施工的部分或全部工程继续施工。发包人逾期不予批准的，则承包人可以通知发包人，将工程受影响的部分视为按第10.1款（变更的范围）第（2）项的可取消工作。

暂停施工持续84天以上不复工的，且不属于第7.8.2项（承包人原因引起的暂停施工）及第17条（不可抗力）约定的情形，并影响到整个工程以及合同目的实现的，承包人有权提出价格调整要求，或者解除合同。解除合同的，按照第16.1.3项（因发包人违约解除合同）执行。

7.8.7　暂停施工期间的工程照管

暂停施工期间，承包人应负责妥善照管工程并提供安全保障，由此增加的费用由责任方承担。

7.8.8　暂停施工的措施

暂停施工期间，发包人和承包人均应采取必要的措施确保工程质量及安全，防止因暂停施工扩大损失。

7.9　提前竣工

7.9.1　发包人要求承包人提前竣工的，发包人应通过监理人向承包人下达提前竣工指示，承包人应向发包人和监理人提交提前竣工建议书，提前竣工建议书应包括实施的方案、缩短的时间、增加的合同价格等内容。发包人接受该提前竣工建议书的，监理人应与发包人和承包人协商采取加快工程进度的措施，并修订施工进度计划，由此增加的费用由发包人承担。承包人认为提前竣工指示无法执行的，应向监理人和发包人提出书面异议，发包人和监理人应在收到异议后 7 天内予以答复。任何情况下，发包人不得压缩合理工期。

7.9.2　发包人要求承包人提前竣工，或承包人提出提前竣工的建议能够给发包人带来效益的，合同当事人可以在专用合同条款中约定提前竣工的奖励。

8　材料与设备

8.1　发包人供应材料与工程设备

发包人自行供应材料、工程设备的，应在签订合同时在专用合同条款的附件《发包人供应材料设备一览表》中明确材料、工程设备的品种、规格、型号、数量、单价、质量等级和送达地点。

承包人应提前 30 天通过监理人以书面形式通知发包人供应材料与工程设备进场。承包人按照第 7.2.2 项（施工进度计划的修订）约定修订施工进度计划时，需同时提交经修订后的发包人供应材料与工程设备的进场计划。

8.2　承包人采购材料与工程设备

承包人负责采购材料、工程设备的，应按照设计和有关标准要求采购，并提供产品合格证明及出厂证明，对材料、工程设备质量负责。合同约定由承包人采购的材料、工程设备，发包人不得指定生产厂家或供应商，发包人违反本款约定指定生产厂家或供应商的，承包人有权拒绝，并由发包人承担相应责任。

8.3　材料与工程设备的接收与拒收

8.3.1　发包人应按《发包人供应材料设备一览表》约定的内容提供材料和工程设备，并向承包人提供产品合格证明及出厂证明，对其质量负责。发包人应提前 24 小时以书面形式通知承包人、监理人材料和工程设备到货时间，承包人负责材料和工程设备的清点、检验和接收。

发包人提供的材料和工程设备的规格、数量或质量不符合合同约定的，或因发包人原因导致交货日期延误或交货地点变更等情况的，按照第 16.1 款（发包人违约）约定办理。

8.3.2　承包人采购的材料和工程设备，应保证产品质量合格，承包人应在材料和工程设备到货前 24 小时通知监理人检验。承包人进行永久设备、材料的制造和生产的，应符合相关质量标准，并向监理人提交材料的样本以及有关资料，并应在使用该材料或工程设备之前获得监理人同意。

承包人采购的材料和工程设备不符合设计或有关标准要求时，承包人应在监理人要求的合理期限内将不符合设计或有关标准要求的材料、工程设备运出施工现场，并重新采购符合要求的材料、工程设备，由此增加的费用和（或）延误的工期，由承包人承担。

8.4　材料与工程设备的保管与使用

8.4.1　发包人供应材料与工程设备的保管与使用

发包人供应的材料和工程设备，承包人清点后由承包人妥善保管，保管费用由发包人承担，但已标价工程量清单或预算书已经列支或专用合同条款另有约定除外。因承包人原因发生丢失毁损的，由承包人负责赔偿；监理人未通知承包人清点的，承包人不负责材料和工程设备的保管，由此导致丢失毁损的由发包人负责。

发包人供应的材料和工程设备使用前，由承包人负责检验，检验费用由发包人承担，不合格的不得使用。

8.4.2 承包人采购材料与工程设备的保管与使用

承包人采购的材料和工程设备由承包人妥善保管，保管费用由承包人承担。法律规定材料和工程设备使用前必须进行检验或试验的，承包人应按监理人的要求进行检验或试验，检验或试验费用由承包人承担，不合格的不得使用。

发包人或监理人发现承包人使用不符合设计或有关标准要求的材料和工程设备时，有权要求承包人进行修复、拆除或重新采购，由此增加的费用和（或）延误的工期，由承包人承担。

8.5 禁止使用不合格的材料和工程设备

8.5.1 监理人有权拒绝承包人提供的不合格材料或工程设备，并要求承包人立即进行更换。监理人应在更换后再次进行检查和检验，由此增加的费用和（或）延误的工期由承包人承担。

8.5.2 监理人发现承包人使用了不合格的材料和工程设备，承包人应按照监理人的指示立即改正，并禁止在工程中继续使用不合格的材料和工程设备。

8.5.3 发包人提供的材料或工程设备不符合合同要求的，承包人有权拒绝，并可要求发包人更换，由此增加的费用和（或）延误的工期由发包人承担，并支付承包人合理的利润。

8.6 样品

8.6.1 样品的报送与封存

需要承包人报送样品的材料或工程设备，样品的种类、名称、规格、数量等要求均应在专用合同条款中约定。样品的报送程序如下：

(1) 承包人应在计划采购前28天向监理人报送样品。承包人报送的样品均应来自供应材料的实际生产地，且提供的样品的规格、数量足以表明材料或工程设备的质量、型号、颜色、表面处理、质地、误差和其他要求的特征。

(2) 承包人每次报送样品时应随附申报单，申报单应载明报送样品的相关数据和资料，并标明每件样品对应的图纸号，预留监理人批复意见栏。监理人应在收到承包人报送的样品后7天向承包人回复经发包人签认的样品审批意见。

(3) 经发包人和监理人审批确认的样品应按约定的方法封样，封存的样品作为检验工程相关部分的标准之一。承包人在施工过程中不得使用与样品不符的材料或工程设备。

(4) 发包人和监理人对样品的审批确认仅为确认相关材料或工程设备的特征或用途，不得被理解为对合同的修改或改变，也并不减轻或免除承包人任何的责任和义务。如果封存的样品修改或改变了合同约定，合同当事人应当以书面协议予以确认。

8.6.2 样品的保管

经批准的样品应由监理人负责封存于现场，承包人应在现场为保存样品提供适当和固定的场所并保持适当和良好的存储环境条件。

8.7 材料与工程设备的替代

8.7.1 出现下列情况需要使用替代材料和工程设备的，承包人应按照第8.7.2项约定的程序执行：

（1）基准日期后生效的法律规定禁止使用的；

（2）发包人要求使用替代品的；

（3）因其他原因必须使用替代品的。

8.7.2 承包人应在使用替代材料和工程设备28天前书面通知监理人，并附下列文件：

（1）被替代的材料和工程设备的名称、数量、规格、型号、品牌、性能、价格及其他相关资料；

（2）替代品的名称、数量、规格、型号、品牌、性能、价格及其他相关资料；

（3）替代品与被替代产品之间的差异以及使用替代品可能对工程产生的影响；

（4）替代品与被替代产品的价格差异；

（5）使用替代品的理由和原因说明；

（6）监理人要求的其他文件。

监理人应在收到通知后14天内向承包人发出经发包人签认的书面指示；监理人逾期发出书面指示的，视为发包人和监理人同意使用替代品。

8.7.3 发包人认可使用替代材料和工程设备的，替代材料和工程设备的价格，按照已标价工程量清单或预算书相同项目的价格认定；无相同项目的，参考相似项目价格认定；既无相同项目也无相似项目的，按照合理的成本与利润构成的原则，由合同当事人按照第4.4款（商定或确定）确定价格。

8.8 施工设备和临时设施

8.8.1 承包人提供的施工设备和临时设施

承包人应按合同进度计划的要求，及时配置施工设备和修建临时设施。进入施工场地的承包人设备需经监理人核查后才能投入使用。承包人更换合同约定的承包人设备的，应报监理人批准。

除专用合同条款另有约定外，承包人应自行承担修建临时设施的费用，需要临时占地的，应由发包人办理申请手续并承担相应费用。

8.8.2 发包人提供的施工设备和临时设施

发包人提供的施工设备或临时设施在专用合同条款中约定。

8.8.3 要求承包人增加或更换施工设备

承包人使用的施工设备不能满足合同进度计划和（或）质量要求时，监理人有权要求承包人增加或更换施工设备，承包人应及时增加或更换，由此增加的费用和（或）延误的工期由承包人承担。

8.9 材料与设备专用要求

承包人运入施工现场的材料、工程设备、施工设备以及在施工场地建设的临时设施，包括备品备件、安装工具与资料，必须专用于工程。未经发包人批准，承包人不得运出施工现场或挪作他用；经发包人批准，承包人可以根据施工进度计划撤走闲置的施工设备和其他物品。

9 试验与检验

9.1 试验设备与试验人员

9.1.1　承包人根据合同约定或监理人指示进行的现场材料试验，应由承包人提供试验场所、试验人员、试验设备以及其他必要的试验条件。监理人在必要时可以使用承包人提供的试验场所、试验设备以及其他试验条件，进行以工程质量检查为目的的材料复核试验，承包人应予以协助。

9.1.2　承包人应按专用合同条款的约定提供试验设备、取样装置、试验场所和试验条件，并向监理人提交相应进场计划表。

承包人配置的试验设备要符合相应试验规程的要求并经过具有资质的检测单位检测，且在正式使用该试验设备前，需要监理人与承包人共同校定。

9.1.3　承包人应向监理人提交试验人员的名单及其岗位、资格等证明资料，试验人员必须能够熟练进行相应的检测试验，承包人对试验人员的试验程序和试验结果的正确性负责。

9.2　取样

试验属于自检性质的，承包人可以单独取样。试验属于监理人抽检性质的，可由监理人取样，也可由承包人的试验人员在监理人的监督下取样。

9.3　材料、工程设备和工程的试验和检验

9.3.1　承包人应按合同约定进行材料、工程设备和工程的试验和检验，并为监理人对上述材料、工程设备和工程的质量检查提供必要的试验资料和原始记录。按合同约定应由监理人与承包人共同进行试验和检验的，由承包人负责提供必要的试验资料和原始记录。

9.3.2　试验属于自检性质的，承包人可以单独进行试验。试验属于监理人抽检性质的，监理人可以单独进行试验，也可由承包人与监理人共同进行。承包人对由监理人单独进行的试验结果有异议的，可以申请重新共同进行试验。约定共同进行试验的，监理人未按照约定参加试验的，承包人可自行试验，并将试验结果报送监理人，监理人应承认该试验结果。

9.3.3　监理人对承包人的试验和检验结果有异议的，或为查清承包人试验和检验成果的可靠性要求承包人重新试验和检验的，可由监理人与承包人共同进行。重新试验和检验的结果证明该项材料、工程设备或工程的质量不符合合同要求的，由此增加的费用和（或）延误的工期由承包人承担；重新试验和检验结果证明该项材料、工程设备和工程质量符合合同要求的，由此增加的费用和（或）延误的工期由发包人承担。

9.4　现场工艺试验

承包人应按合同约定或监理人指示进行现场工艺试验。对大型的现场工艺试验，监理人认为必要时，承包人应根据监理人提出的工艺试验要求，编制工艺试验措施计划，报送监理人审查。

10　变更

10.1　变更的范围

除专用合同条款另有约定外，合同履行过程中发生以下情形的，应按照本条约定进行变更：

（1）增加或减少合同中任何工作，或追加额外的工作；

（2）取消合同中任何工作，但转由他人实施的工作除外；

(3) 改变合同中任何工作的质量标准或其他特性；

(4) 改变工程的基线、标高、位置和尺寸；

(5) 改变工程的时间安排或实施顺序。

10.2 变更权

发包人和监理人均可以提出变更。变更指示均通过监理人发出，监理人发出变更指示前应征得发包人同意。承包人收到经发包人签认的变更指示后，方可实施变更。未经许可，承包人不得擅自对工程的任何部分进行变更。

涉及设计变更的，应由设计人提供变更后的图纸和说明。如变更超过原设计标准或批准的建设规模时，发包人应及时办理规划、设计变更等审批手续。

10.3 变更程序

10.3.1 发包人提出变更

发包人提出变更的，应通过监理人向承包人发出变更指示，变更指示应说明计划变更的工程范围和变更的内容。

10.3.2 监理人提出变更建议

监理人提出变更建议的，需要向发包人以书面形式提出变更计划，说明计划变更工程范围和变更的内容、理由，以及实施该变更对合同价格和工期的影响。发包人同意变更的，由监理人向承包人发出变更指示。发包人不同意变更的，监理人无权擅自发出变更指示。

10.3.3 变更执行

承包人收到监理人下达的变更指示后，认为不能执行，应立即提出不能执行该变更指示的理由。承包人认为可以执行变更的，应当书面说明实施该变更指示对合同价格和工期的影响，且合同当事人应当按照第 10.4 款（变更估价）约定确定变更估价。

10.4 变更估价

10.4.1 变更估价原则

除专用合同条款另有约定外，变更估价按照本款约定处理：

(1) 已标价工程量清单或预算书有相同项目的，按照相同项目单价认定；

(2) 已标价工程量清单或预算书中无相同项目，但有类似项目的，参照类似项目的单价认定；

(3) 变更导致实际完成的变更工程量与已标价工程量清单或预算书中列明的该项目工程量的变化幅度超过 15%的，或已标价工程量清单或预算书中无相同项目及类似项目单价的，按照合理的成本与利润构成的原则，由合同当事人按照第 4.4 款（商定或确定）确定变更工作的单价。

10.4.2 变更估价程序

承包人应在收到变更指示后 14 天内，向监理人提交变更估价申请。监理人应在收到承包人提交的变更估价申请后 7 天内审查完毕并报送发包人，监理人对变更估价申请有异议，通知承包人修改后重新提交。发包人应在承包人提交变更估价申请后 14 天内审批完毕。发包人逾期未完成审批或未提出异议的，视为认可承包人提交的变更估价申请。

因变更引起的价格调整应计入最近一期的进度款中支付。

10.5 承包人的合理化建议

承包人提出合理化建议的，应向监理人提交合理化建议说明，说明建议的内容和理由，以及实施该建议对合同价格和工期的影响。

除专用合同条款另有约定外，监理人应在收到承包人提交的合理化建议后7天内审查完毕并报送发包人，发现其中存在技术上的缺陷，应通知承包人修改。发包人应在收到监理人报送的合理化建议后7天内审批完毕。合理化建议经发包人批准的，监理人应及时发出变更指示，由此引起的合同价格调整按照第10.4款（变更估价）约定执行。发包人不同意变更的，监理人应书面通知承包人。

合理化建议降低了合同价格或者提高了工程经济效益的，发包人可对承包人给予奖励，奖励的方法和金额在专用合同条款中约定。

10.6　变更引起的工期调整

因变更引起工期变化的，合同当事人均可要求调整合同工期，由合同当事人按照第4.4款（商定或确定）并参考工程所在地的工期定额标准确定增减工期天数。

10.7　暂估价

暂估价专业分包工程、服务、材料和工程设备的明细由合同当事人在专用合同条款中约定。

10.7.1　依法必须招标的暂估价项目

对于依法必须招标的暂估价项目，采取以下第1种方式确定。合同当事人也可以在专用合同条款中选择其他招标方式。

第1种方式：对于依法必须招标的暂估价项目，由承包人招标，对该暂估价项目的确认和批准按照以下约定执行：

（1）承包人应当根据施工进度计划，在招标工作启动前14天将招标方案通过监理人报送发包人审查，发包人应当在收到承包人报送的招标方案后7天内批准或提出修改意见。承包人应当按照经过发包人批准的招标方案开展招标工作；

（2）承包人应当根据施工进度计划，提前14天将招标文件通过监理人报送发包人审批，发包人应当在收到承包人报送的相关文件后7天内完成审批或提出修改意见；发包人有权确定招标控制价并按照法律规定参加评标；

（3）承包人与供应商、分包人在签订暂估价合同前，应当提前7天将确定的中标候选供应商或中标候选分包人的资料报送发包人，发包人应在收到资料后3天内与承包人共同确定中标人；承包人应当在签订合同后7天内，将暂估价合同副本报送发包人留存。

第2种方式：对于依法必须招标的暂估价项目，由发包人和承包人共同招标确定暂估价供应商或分包人的，承包人应按照施工进度计划，在招标工作启动前14天通知发包人，并提交暂估价招标方案和工作分工。发包人应在收到后7天内确认。确定中标人后，由发包人、承包人与中标人共同签订暂估价合同。

10.7.2　不属于依法必须招标的暂估价项目

除专用合同条款另有约定外，对于不属于依法必须招标的暂估价项目，采取以下第1种方式确定：

第1种方式：对于不属于依法必须招标的暂估价项目，按本项约定确认和批准：

（1）承包人应根据施工进度计划，在签订暂估价项目的采购合同、分包合同前28天向监理人提出书面申请。监理人应当在收到申请后3天内报送发包人，发包人应当在收到申请后14天内给予批准或提出修改意见，发包人逾期未予批准或提出修改意见的，视为该书面申请已获得同意；

（2）发包人认为承包人确定的供应商、分包人无法满足工程质量或合同要求的，发包人可以要求承包人重新确定暂估价项目的供应商、分包人；

（3）承包人应当在签订暂估价合同后7天内，将暂估价合同副本报送发包人留存。

第2种方式：承包人按照第10.7.1项（依法必须招标的暂估价项目）约定的第1种方式确定暂估价项目。

第3种方式：承包人直接实施的暂估价项目。

承包人具备实施暂估价项目的资格和条件的，经发包人和承包人协商一致后，可由承包人自行实施暂估价项目，合同当事人可以在专用合同条款约定具体事项。

10.7.3　因发包人原因导致暂估价合同订立和履行迟延的，由此增加的费用和（或）延误的工期由发包人承担，并支付承包人合理的利润。因承包人原因导致暂估价合同订立和履行迟延的，由此增加的费用和（或）延误的工期由承包人承担。

10.8　暂列金额

暂列金额应按照发包人的要求使用，发包人的要求应通过监理人发出。合同当事人可以在专用合同条款中协商确定有关事项。

10.9　计日工

需要采用计日工方式的，经发包人同意后，由监理人通知承包人以计日工计价方式实施相应的工作，其价款按列入已标价工程量清单或预算书中的计日工计价项目及其单价进行计算；已标价工程量清单或预算书中无相应的计日工单价的，按照合理的成本与利润构成的原则，由合同当事人按照第4.4款（商定或确定）确定变更工作的单价。

采用计日工计价的任何一项工作，承包人应在该项工作实施过程中，每天提交以下报表和有关凭证报送监理人审查：

（1）工作名称、内容和数量；

（2）投入该工作的所有人员的姓名、专业、工种、级别和耗用工时；

（3）投入该工作的材料类别和数量；

（4）投入该工作的施工设备型号、台数和耗用台时；

（5）其他有关资料和凭证。

计日工由承包人汇总后，列入最近一期进度付款申请单，由监理人审查并经发包人批准后列入进度付款。

11　价格调整

11.1　市场价格波动引起的调整

除专用合同条款另有约定外，市场价格波动超过合同当事人约定的范围，合同价格应当调整。合同当事人可以在专用合同条款中约定选择以下一种方式对合同价格进行调整：

第1种方式：采用价格指数进行价格调整。

第2种方式：采用造价信息进行价格调整。

第3种方式：专用合同条款约定的其他方式。

11.2　法律变化引起的调整

基准日期后，法律变化导致承包人在合同履行过程中所需要的费用发生除第11.1款

（市场价格波动引起的调整）约定以外的增加时，由发包人承担由此增加的费用；减少时，应从合同价格中予以扣减。基准日期后，因法律变化造成工期延误时，工期应予以顺延。

因法律变化引起的合同价格和工期调整，合同当事人无法达成一致的，由总监理工程师按第 4.4 款（商定或确定）的约定处理。

因承包人原因造成工期延误，在工期延误期间出现法律变化的，由此增加的费用和（或）延误的工期由承包人承担。

12　合同价格、计量与支付

12.1　合同价格形式

发包人和承包人应在合同协议书中选择下列一种合同价格形式：

1. 单价合同

单价合同是指合同当事人约定以工程量清单及其综合单价进行合同价格计算、调整和确认的建设工程施工合同，在约定的范围内合同单价不作调整。合同当事人应在专用合同条款中约定综合单价包含的风险范围和风险费用的计算方法，并约定风险范围以外的合同价格的调整方法，其中因市场价格波动引起的调整按第 11.1 款（市场价格波动引起的调整）约定执行。

2. 总价合同

总价合同是指合同当事人约定以施工图、已标价工程量清单或预算书及有关条件进行合同价格计算、调整和确认的建设工程施工合同，在约定的范围内合同总价不作调整。合同当事人应在专用合同条款中约定总价包含的风险范围和风险费用的计算方法，并约定风险范围以外的合同价格的调整方法，其中因市场价格波动引起的调整按第 11.1 款（市场价格波动引起的调整）、因法律变化引起的调整按第 11.2 款（法律变化引起的调整）约定执行。

3. 其他价格形式

合同当事人可在专用合同条款中约定其他合同价格形式。

12.2　预付款

12.2.1　预付款的支付

预付款的支付按照专用合同条款约定执行，但至迟应在开工通知载明的开工日期 7 天前支付。预付款应当用于材料、工程设备、施工设备的采购及修建临时工程、组织施工队伍进场等。

除专用合同条款另有约定外，预付款在进度付款中同比例扣回。在颁发工程接收证书前，提前解除合同的，尚未扣完的预付款应与合同价款一并结算。

发包人逾期支付预付款超过 7 天的，承包人有权向发包人发出要求预付的催告通知，发包人收到通知后 7 天内仍未支付的，承包人有权暂停施工，并按第 16.1.1 项（发包人违约的情形）执行。

12.2.2　预付款担保

发包人要求承包人提供预付款担保的，承包人应在发包人支付预付款 7 天前提供预付款担保，专用合同条款另有约定除外。预付款担保可采用银行保函、担保公司担保等形式，具体由合同当事人在专用合同条款中约定。在预付款完全扣回之前，承包人应保证预付款担保持续有效。

发包人在工程款中逐期扣回预付款后，预付款担保额度应相应减少，但剩余的预付款担保金额不得低于未被扣回的预付款金额。

12.3 计量

12.3.1 计量原则

工程量计量按照合同约定的工程量计算规则、图纸及变更指示等进行计量。工程量计算规则应以相关的国家标准、行业标准等为依据，由合同当事人在专用合同条款中约定。

12.3.2 计量周期

除专用合同条款另有约定外，工程量的计量按月进行。

12.3.3 单价合同的计量

除专用合同条款另有约定外，单价合同的计量按照本项约定执行：

(1) 承包人应于每月25日向监理人报送上月20日至当月19日已完成的工程量报告，并附具进度付款申请单、已完成工程量报表和有关资料。

(2) 监理人应在收到承包人提交的工程量报告后7天内完成对承包人提交的工程量报表的审核并报送发包人，以确定当月实际完成的工程量。监理人对工程量有异议的，有权要求承包人进行共同复核或抽样复测。承包人应协助监理人进行复核或抽样复测，并按监理人要求提供补充计量资料。承包人未按监理人要求参加复核或抽样复测的，监理人复核或修正的工程量视为承包人实际完成的工程量。

(3) 监理人未在收到承包人提交的工程量报表后的7天内完成审核的，承包人报送的工程量报告中的工程量视为承包人实际完成的工程量，据此计算工程价款。

12.3.4 总价合同的计量

除专用合同条款另有约定外，按月计量支付的总价合同，按照本项约定执行：

(1) 承包人应于每月25日向监理人报送上月20日至当月19日已完成的工程量报告，并附具进度付款申请单、已完成工程量报表和有关资料。

(2) 监理人应在收到承包人提交的工程量报告后7天内完成对承包人提交的工程量报表的审核并报送发包人，以确定当月实际完成的工程量。监理人对工程量有异议的，有权要求承包人进行共同复核或抽样复测。承包人应协助监理人进行复核或抽样复测并按监理人要求提供补充计量资料。承包人未按监理人要求参加复核或抽样复测的，监理人审核或修正的工程量视为承包人实际完成的工程量。

(3) 监理人未在收到承包人提交的工程量报表后的7天内完成复核的，承包人提交的工程量报告中的工程量视为承包人实际完成的工程量。

12.3.5 总价合同采用支付分解表计量支付的，可以按照第12.3.4项（总价合同的计量）约定进行计量，但合同价款按照支付分解表进行支付。

12.3.6 其他价格形式合同的计量

合同当事人可在专用合同条款中约定其他价格形式合同的计量方式和程序。

12.4 工程进度款支付

12.4.1 付款周期

除专用合同条款另有约定外，付款周期应按照第12.3.2项（计量周期）的约定与计量周期保持一致。

12.4.2 进度付款申请单的编制

除专用合同条款另有约定外，进度付款申请单应包括下列内容：

(1) 截至本次付款周期已完成工作对应的金额；

(2) 根据第 10 条（变更）应增加和扣减的变更金额；

(3) 根据第 12.2 款（预付款）约定应支付的预付款和扣减的返还预付款；

(4) 根据第 15.3 款（质量保证金）约定应扣减的质量保证金；

(5) 根据第 19 条（索赔）应增加和扣减的索赔金额；

(6) 对已签发的进度款支付证书中出现错误的修正，应在本次进度付款中支付或扣除的金额；

(7) 根据合同约定应增加和扣减的其他金额。

12.4.3　进度付款申请单的提交

(1) 单价合同进度付款申请单的提交

单价合同的进度付款申请单，按照第 12.3.3 项（单价合同的计量）约定的时间按月向监理人提交，并附上已完成工程量报表和有关资料。单价合同中的总价项目按月进行支付分解，并汇总列入当期进度付款申请单。

(2) 总价合同进度付款申请单的提交

总价合同按月计量支付的，承包人按照第 12.3.4 项（总价合同的计量）约定的时间按月向监理人提交进度付款申请单，并附上已完成工程量报表和有关资料。

总价合同按支付分解表支付的，承包人应按照第 12.4.6 项（支付分解表）及第 12.4.2 项（进度付款申请单的编制）的约定向监理人提交进度付款申请单。

(3) 其他价格形式合同的进度付款申请单的提交

合同当事人可在专用合同条款中约定其他价格形式合同的进度付款申请单的编制和提交程序。

12.4.4　进度款审核和支付

(1) 除专用合同条款另有约定外，监理人应在收到承包人进度付款申请单以及相关资料后 7 天内完成审查并报送发包人，发包人应在收到后 7 天内完成审批并签发进度款支付证书。发包人逾期未完成审批且未提出异议的，视为已签发进度款支付证书。

发包人和监理人对承包人的进度付款申请单有异议的，有权要求承包人修正和提供补充资料，承包人应提交修正后的进度付款申请单。监理人应在收到承包人修正后的进度付款申请单及相关资料后 7 天内完成审查并报送发包人，发包人应在收到监理人报送的进度付款申请单及相关资料后 7 天内，向承包人签发无异议部分的临时进度款支付证书。存在争议的部分，按照第 20 条（争议解决）的约定处理。

(2) 除专用合同条款另有约定外，发包人应在进度款支付证书或临时进度款支付证书签发后 14 天内完成支付，发包人逾期支付进度款的，应按照中国人民银行发布的同期同类贷款基准利率支付违约金。

(3) 发包人签发进度款支付证书或临时进度款支付证书，不表明发包人已同意、批准或接受了承包人完成的相应部分的工作。

12.4.5　进度付款的修正

在对已签发的进度款支付证书进行阶段汇总和复核中发现错误、遗漏或重复的，发包人和承包人均有权提出修正申请。经发包人和承包人同意的修正，应在下期进度付款中支付或扣除。

12.4.6　支付分解表

1. 支付分解表的编制要求

(1) 支付分解表中所列的每期付款金额，应为第12.4.2项（进度付款申请单的编制）第(1)条的估算金额；

(2) 实际进度与施工进度计划不一致的，合同当事人可按照第4.4款（商定或确定）修改支付分解表；

(3) 不采用支付分解表的，承包人应向发包人和监理人提交按季度编制的支付估算分解表，用于支付参考。

2. 总价合同支付分解表的编制与审批

(1) 除专用合同条款另有约定外，承包人应根据第7.2款（施工进度计划）约定的施工进度计划、签约合同价和工程量等因素对总价合同按月进行分解，编制支付分解表。承包人应当在收到监理人和发包人批准的施工进度计划后7天内，将支付分解表及编制支付分解表的支持性资料报送监理人。

(2) 监理人应在收到支付分解表后7天内完成审核并报送发包人。发包人应在收到经监理人审核的支付分解表后7天内完成审批，经发包人批准的支付分解表为有约束力的支付分解表。

(3) 发包人逾期未完成支付分解表审批的，也未及时要求承包人进行修正和提供补充资料的，则承包人提交的支付分解表视为已经获得发包人批准。

3. 单价合同的总价项目支付分解表的编制与审批

除专用合同条款另有约定外，单价合同的总价项目，由承包人根据施工进度计划和总价项目的总价构成、费用性质、计划发生时间和相应工程量等因素按月进行分解，形成支付分解表，其编制与审批参照总价合同支付分解表的编制与审批执行。

12.5　支付账户

发包人应将合同价款支付至合同协议书中约定的承包人账户。

13　验收和工程试车

13.1　分部分项工程验收

13.1.1　分部分项工程质量应符合国家有关工程施工验收规范、标准及合同约定，承包人应按照施工组织设计的要求完成分部分项工程施工。

13.1.2　除专用合同条款另有约定外，分部分项工程经承包人自检合格并具备验收条件的，承包人应提前48小时通知监理人进行验收。监理人不能按时进行验收的，应在验收前24小时向承包人提交书面延期要求，但延期不能超过48小时。监理人未按时进行验收，也未提出延期要求的，承包人有权自行验收，监理人应认可验收结果。分部分项工程未经验收的，不得进入下一道工序施工。

分部分项工程的验收资料应当作为竣工资料的组成部分。

13.2　竣工验收

13.2.1　竣工验收条件

工程具备以下条件的，承包人可以申请竣工验收：

(1) 除发包人同意的甩项工作和缺陷修补工作外，合同范围内的全部工程以及有关工作，包括合同要求的试验、试运行以及检验均已完成，并符合合同要求；

（2）已按合同约定编制了甩项工作和缺陷修补工作清单以及相应的施工计划；

（3）已按合同约定的内容和份数备齐竣工资料。

13.2.2 竣工验收程序

除专用合同条款另有约定外，承包人申请竣工验收的，应当按照以下程序进行：

（1）承包人向监理人报送竣工验收申请报告，监理人应在收到竣工验收申请报告后14天内完成审查并报送发包人。监理人审查后认为尚不具备验收条件的，应通知承包人在竣工验收前承包人还需完成的工作内容，承包人应在完成监理人通知的全部工作内容后，再次提交竣工验收申请报告。

（2）监理人审查后认为已具备竣工验收条件的，应将竣工验收申请报告提交发包人，发包人应在收到经监理人审核的竣工验收申请报告后28天内审批完毕并组织监理人、承包人、设计人等相关单位完成竣工验收。

（3）竣工验收合格的，发包人应在验收合格后14天内向承包人签发工程接收证书。发包人无正当理由逾期不颁发工程接收证书的，自验收合格后第15天起视为已颁发工程接收证书。

（4）竣工验收不合格的，监理人应按照验收意见发出指示，要求承包人对不合格工程返工、修复或采取其他补救措施，由此增加的费用和（或）延误的工期由承包人承担。承包人在完成不合格工程的返工、修复或采取其他补救措施后，应重新提交竣工验收申请报告，并按本项约定的程序重新进行验收。

（5）工程未经验收或验收不合格，发包人擅自使用的，应在转移占有工程后7天内向承包人颁发工程接收证书；发包人无正当理由逾期不颁发工程接收证书的，自转移占有后第15天起视为已颁发工程接收证书。

除专用合同条款另有约定外，发包人不按照本项约定组织竣工验收、颁发工程接收证书的，每逾期一天，应以签约合同价为基数，按照中国人民银行发布的同期同类贷款基准利率支付违约金。

13.2.3 竣工日期

工程经竣工验收合格的，以承包人提交竣工验收申请报告之日为实际竣工日期，并在工程接收证书中载明；因发包人原因，未在监理人收到承包人提交的竣工验收申请报告42天内完成竣工验收，或完成竣工验收不予签发工程接收证书的，以提交竣工验收申请报告的日期为实际竣工日期；工程未经竣工验收，发包人擅自使用的，以转移占有工程之日为实际竣工日期。

13.2.4 拒绝接收全部或部分工程

对于竣工验收不合格的工程，承包人完成整改后，应当重新进行竣工验收，经重新组织验收仍不合格的且无法采取措施补救的，则发包人可以拒绝接收不合格工程，因不合格工程导致其他工程不能正常使用的，承包人应采取措施确保相关工程的正常使用，由此增加的费用和（或）延误的工期由承包人承担。

13.2.5 移交、接收全部与部分工程

除专用合同条款另有约定外，合同当事人应当在颁发工程接收证书后7天内完成工程的移交。

发包人无正当理由不接收工程的，发包人自应当接收工程之日起，承担工程照管、成品保护、保管等与工程有关的各项费用，合同当事人可以在专用合同条款中另行约定发包人逾期接收工程的违约责任。

承包人无正当理由不移交工程的，承包人应承担工程照管、成品保护、保管等与工程有关的各项费用，合同当事人可以在专用合同条款中另行约定承包人无正当理由不移交工程的违约责任。

13.3 工程试车

13.3.1 试车程序

工程需要试车的，除专用合同条款另有约定外，试车内容应与承包人承包范围相一致，试车费用由承包人承担。工程试车应按如下程序进行：

（1）具备单机无负荷试车条件，承包人组织试车，并在试车前48小时书面通知监理人，通知中应载明试车内容、时间、地点。承包人准备试车记录，发包人根据承包人要求为试车提供必要条件。试车合格的，监理人在试车记录上签字。监理人在试车合格后不在试车记录上签字，自试车结束满24小时后视为监理人已经认可试车记录，承包人可继续施工或办理竣工验收手续。

监理人不能按时参加试车，应在试车前24小时以书面形式向承包人提出延期要求，但延期不能超过48小时，由此导致工期延误的，工期应予以顺延。监理人未能在前述期限内提出延期要求，又不参加试车的，视为认可试车记录。

（2）具备无负荷联动试车条件，发包人组织试车，并在试车前48小时以书面形式通知承包人。通知中应载明试车内容、时间、地点和对承包人的要求，承包人按要求做好准备工作。试车合格，合同当事人在试车记录上签字。承包人无正当理由不参加试车的，视为认可试车记录。

13.3.2 试车中的责任

因设计原因导致试车达不到验收要求，发包人应要求设计人修改设计，承包人按修改后的设计重新安装。发包人承担修改设计、拆除及重新安装的全部费用，工期相应顺延。因承包人原因导致试车达不到验收要求，承包人按监理人要求重新安装和试车，并承担重新安装和试车的费用，工期不予顺延。

因工程设备制造原因导致试车达不到验收要求的，由采购该工程设备的合同当事人负责重新购置或修理，承包人负责拆除和重新安装，由此增加的修理、重新购置、拆除及重新安装的费用及延误的工期由采购该工程设备的合同当事人承担。

13.3.3 投料试车

如需进行投料试车的，发包人应在工程竣工验收后组织投料试车。发包人要求在工程竣工验收前进行或需要承包人配合时，应征得承包人同意，并在专用合同条款中约定有关事项。

投料试车合格的，费用由发包人承担；因承包人原因造成投料试车不合格的，承包人应按照发包人要求进行整改，由此产生的整改费用由承包人承担；非因承包人原因导致投料试车不合格的，如发包人要求承包人进行整改的，由此产生的费用由发包人承担。

13.4 提前交付单位工程的验收

13.4.1 发包人需要在工程竣工前使用单位工程的，或承包人提出提前交付已经竣工的单位工程且经发包人同意的，可进行单位工程验收，验收的程序按照第 13.2 款（竣工验收）的约定进行。

验收合格后，由监理人向承包人出具经发包人签认的单位工程接收证书。已签发单位工程接收证书的单位工程由发包人负责照管。单位工程的验收成果和结论作为整体工程竣工验收申请报告的附件。

13.4.2　发包人要求在工程竣工前交付单位工程，由此导致承包人费用增加和（或）工期延误的，由发包人承担由此增加的费用和（或）延误的工期，并支付承包人合理的利润。

13.5　施工期运行

13.5.1　施工期运行是指合同工程尚未全部竣工，其中某项或某几项单位工程或工程设备安装已竣工，根据专用合同条款约定，需要投入施工期运行的，经发包人按第 13.4 款（提前交付单位工程的验收）的约定验收合格，证明能确保安全后，才能在施工期投入运行。

13.5.2　在施工期运行中发现工程或工程设备损坏或存在缺陷的，由承包人按第 15.2 款（缺陷责任期）约定进行修复。

13.6　竣工退场

13.6.1　竣工退场

颁发工程接收证书后，承包人应按以下要求对施工现场进行清理：

(1) 施工现场内残留的垃圾已全部清除出场；

(2) 临时工程已拆除，场地已进行清理、平整或复原；

(3) 按合同约定应撤离的人员、承包人施工设备和剩余的材料，包括废弃的施工设备和材料，已按计划撤离施工现场；

(4) 施工现场周边及其附近道路、河道的施工堆积物，已全部清理；

(5) 施工现场其他场地清理工作已全部完成。

施工现场的竣工退场费用由承包人承担。承包人应在专用合同条款约定的期限内完成竣工退场，逾期未完成的，发包人有权出售或另行处理承包人遗留的物品，由此支出的费用由承包人承担，发包人出售承包人遗留物品所得款项在扣除必要费用后应返还承包人。

13.6.2　地表还原

承包人应按发包人要求恢复临时占地及清理场地，承包人未按发包人的要求恢复临时占地，或者场地清理未达到合同约定要求的，发包人有权委托其他人恢复或清理，所发生的费用由承包人承担。

14　竣工结算

14.1　竣工结算申请

除专用合同条款另有约定外，承包人应在工程竣工验收合格后 28 天内向发包人和监理人提交竣工结算申请单，并提交完整的结算资料，有关竣工结算申请单的资料清单和份数等要求由合同当事人在专用合同条款中约定。

除专用合同条款另有约定外，竣工结算申请单应包括以下内容：

(1) 竣工结算合同价格；

（2）发包人已支付承包人的款项；

（3）应扣留的质量保证金；

（4）发包人应支付承包人的合同价款。

14.2　竣工结算审核

（1）除专用合同条款另有约定外，监理人应在收到竣工结算申请单后14天内完成核查并报送发包人。发包人应在收到监理人提交的经审核的竣工结算申请单后14天内完成审批，并由监理人向承包人签发经发包人签认的竣工付款证书。监理人或发包人对竣工结算申请单有异议的，有权要求承包人进行修正和提供补充资料，承包人应提交修正后的竣工结算申请单。

发包人在收到承包人提交竣工结算申请书后28天内未完成审批且未提出异议的，视为发包人认可承包人提交的竣工结算申请单，并自发包人收到承包人提交的竣工结算申请单后第29天起视为已签发竣工付款证书。

（2）除专用合同条款另有约定外，发包人应在签发竣工付款证书后的14天内，完成对承包人的竣工付款。发包人逾期支付的，按照中国人民银行发布的同期同类贷款基准利率支付违约金；逾期支付超过56天的，按照中国人民银行发布的同期同类贷款基准利率的两倍支付违约金。

（3）承包人对发包人签认的竣工付款证书有异议的，对于有异议部分应在收到发包人签认的竣工付款证书后7天内提出异议，并由合同当事人按照专用合同条款约定的方式和程序进行复核，或按照第20条（争议解决）约定处理。对于无异议部分，发包人应签发临时竣工付款证书，并按本款第（2）项完成付款。承包人逾期未提出异议的，视为认可发包人的审批结果。

14.3　甩项竣工协议

发包人要求甩项竣工的，合同当事人应签订甩项竣工协议。在甩项竣工协议中应明确，合同当事人按照第14.1款（竣工结算申请）及14.2款（竣工结算审核）的约定，对已完合格工程进行结算，并支付相应合同价款。

14.4　最终结清

14.4.1　最终结清申请单

（1）除专用合同条款另有约定外，承包人应在缺陷责任期终止证书颁发后7天内，按专用合同条款约定的份数向发包人提交最终结清申请单，并提供相关证明材料。

除专用合同条款另有约定外，最终结清申请单应列明质量保证金、应扣除的质量保证金、缺陷责任期内发生的增减费用。

（2）发包人对最终结清申请单内容有异议的，有权要求承包人进行修正和提供补充资料，承包人应向发包人提交修正后的最终结清申请单。

14.4.2　最终结清证书和支付

（1）除专用合同条款另有约定外，发包人应在收到承包人提交的最终结清申请单后14天内完成审批并向承包人颁发最终结清证书。发包人逾期未完成审批，又未提出修改意见的，视为发包人同意承包人提交的最终结清申请单，且自发包人收到承包人提交的最终结清申请单后15天起视为已颁发最终结清证书。

（2）除专用合同条款另有约定外，发包人应在颁发最终结清证书后7天内完成支付。

发包人逾期支付的，按照中国人民银行发布的同期同类贷款基准利率支付违约金；逾期支付超过56天的，按照中国人民银行发布的同期同类贷款基准利率的两倍支付违约金。

（3）承包人对发包人颁发的最终结清证书有异议的，按第20条（争议解决）的约定办理。

15 缺陷责任与保修

15.1 工程保修的原则

在工程移交发包人后，因承包人原因产生的质量缺陷，承包人应承担质量缺陷责任和保修义务。缺陷责任期届满，承包人仍应按合同约定的工程各部位保修年限承担保修义务。

15.2 缺陷责任期

15.2.1 缺陷责任期自实际竣工日期起计算，合同当事人应在专用合同条款约定缺陷责任期的具体期限，但该期限最长不超过24个月。

单位工程先于全部工程进行验收，经验收合格并交付使用的，该单位工程缺陷责任期自单位工程验收合格之日起算。因发包人原因导致工程无法按合同约定期限进行竣工验收的，缺陷责任期自承包人提交竣工验收申请报告之日起开始计算；发包人未经竣工验收擅自使用工程的，缺陷责任期自工程转移占有之日起开始计算。

15.2.2 工程竣工验收合格后，因承包人原因导致的缺陷或损坏致使工程、单位工程或某项主要设备不能按原定目的使用的，则发包人有权要求承包人延长缺陷责任期，并应在原缺陷责任期届满前发出延长通知，但缺陷责任期最长不能超过24个月。

15.2.3 任何一项缺陷或损坏修复后，经检查证明其影响了工程或工程设备的使用性能，承包人应重新进行合同约定的试验和试运行，试验和试运行的全部费用应由责任方承担。

15.2.4 除专用合同条款另有约定外，承包人应于缺陷责任期届满后7天内向发包人发出缺陷责任期届满通知，发包人应在收到缺陷责任期满通知后14天内核实承包人是否履行缺陷修复义务，承包人未能履行缺陷修复义务的，发包人有权扣除相应金额的维修费用。发包人应在收到缺陷责任期届满通知后14天内，向承包人颁发缺陷责任期终止证书。

15.3 质量保证金

经合同当事人协商一致扣留质量保证金的，应在专用合同条款中予以明确。

15.3.1 承包人提供质量保证金的方式

承包人提供质量保证金有以下三种方式：

（1）质量保证金保函；

（2）相应比例的工程款；

（3）双方约定的其他方式。

除专用合同条款另有约定外，质量保证金原则上采用上述第（1）种方式。

15.3.2 质量保证金的扣留

质量保证金的扣留有以下三种方式：

（1）在支付工程进度款时逐次扣留，在此情形下，质量保证金的计算基数不包括预付款的支付、扣回以及价格调整的金额；

（2）工程竣工结算时一次性扣留质量保证金；

(3) 双方约定的其他扣留方式。

除专用合同条款另有约定外，质量保证金的扣留原则上采用上述第（1）种方式。

发包人累计扣留的质量保证金不得超过结算合同价格的5%，如承包人在发包人签发竣工付款证书后28天内提交质量保证金保函，发包人应同时退还扣留的作为质量保证金的工程价款。

15.3.3 质量保证金的退还

发包人应按14.4款（最终结清）的约定退还质量保证金。

15.4 保修

15.4.1 保修责任

工程保修期从工程竣工验收合格之日起算，具体分部分项工程的保修期由合同当事人在专用合同条款中约定，但不得低于法定最低保修年限。在工程保修期内，承包人应当根据有关法律规定以及合同约定承担保修责任。

发包人未经竣工验收擅自使用工程的，保修期自转移占有之日起算。

15.4.2 修复费用

保修期内，修复的费用按照以下约定处理：

(1) 保修期内，因承包人原因造成工程的缺陷、损坏，承包人应负责修复，并承担修复的费用以及因工程的缺陷、损坏造成的人身伤害和财产损失；

(2) 保修期内，因发包人使用不当造成工程的缺陷、损坏，可以委托承包人修复，但发包人应承担修复的费用，并支付承包人合理利润；

(3) 因其他原因造成工程的缺陷、损坏，可以委托承包人修复，发包人应承担修复的费用，并支付承包人合理的利润，因工程的缺陷、损坏造成的人身伤害和财产损失由责任方承担。

15.4.3 修复通知

在保修期内，发包人在使用过程中，发现已接收的工程存在缺陷或损坏的，应书面通知承包人予以修复，但情况紧急必须立即修复缺陷或损坏的，发包人可以口头通知承包人并在口头通知后48小时内书面确认，承包人应在专用合同条款约定的合理期限内到达工程现场并修复缺陷或损坏。

15.4.4 未能修复

因承包人原因造成工程的缺陷或损坏，承包人拒绝维修或未能在合理期限内修复缺陷或损坏，且经发包人书面催告后仍未修复的，发包人有权自行修复或委托第三方修复，所需费用由承包人承担。但修复范围超出缺陷或损坏范围的，超出范围部分的修复费用由发包人承担。

15.4.5 承包人出入权

在保修期内，为了修复缺陷或损坏，承包人有权出入工程现场，除情况紧急必须立即修复缺陷或损坏外，承包人应提前24小时通知发包人进场修复的时间。承包人进入工程现场前应获得发包人同意，且不应影响发包人正常的生产经营，并应遵守发包人有关保安和保密等规定。

16 违约

16.1 发包人违约

16.1.1 发包人违约的情形

在合同履行过程中发生的下列情形，属于发包人违约：

(1) 因发包人原因未能在计划开工日期前7天内下达开工通知的；

(2) 因发包人原因未能按合同约定支付合同价款的；

(3) 发包人违反第10.1款（变更的范围）第（2）项约定，自行实施被取消的工作或转由他人实施的；

(4) 发包人提供的材料、工程设备的规格、数量或质量不符合合同约定，或因发包人原因导致交货日期延误或交货地点变更等情况的；

(5) 因发包人违反合同约定造成暂停施工的；

(6) 发包人无正当理由没有在约定期限内发出复工指示，导致承包人无法复工的；

(7) 发包人明确表示或者以其行为表明不履行合同主要义务的；

(8) 发包人未能按照合同约定履行其他义务的。

发包人发生除本项第（7）条以外的违约情况时，承包人可向发包人发出通知，要求发包人采取有效措施纠正违约行为。发包人收到承包人通知后28天内仍不纠正违约行为的，承包人有权暂停相应部位工程施工，并通知监理人。

16.1.2 发包人违约的责任

发包人应承担因其违约给承包人增加的费用和（或）延误的工期，并支付承包人合理的利润。此外，合同当事人可在专用合同条款中另行约定发包人违约责任的承担方式和计算方法。

16.1.3 因发包人违约解除合同

除专用合同条款另有约定外，承包人按第16.1.1项（发包人违约的情形）约定暂停施工满28天后，发包人仍不纠正其违约行为并致使合同目的不能实现的，或出现第16.1.1项（发包人违约的情形）第（7）条约定的违约情况，承包人有权解除合同，发包人应承担由此增加的费用，并支付承包人合理的利润。

16.1.4 因发包人违约解除合同后的付款

承包人按照本款约定解除合同的，发包人应在解除合同后28天内支付下列款项，并解除履约担保：

(1) 合同解除前所完成工作的价款；

(2) 承包人为工程施工订购并已付款的材料、工程设备和其他物品的价款；

(3) 承包人撤离施工现场以及遣散承包人人员的款项；

(4) 按照合同约定在合同解除前应支付的违约金；

(5) 按照合同约定应当支付给承包人的其他款项；

(6) 按照合同约定应退还的质量保证金；

(7) 因解除合同给承包人造成的损失。

合同当事人未能就解除合同后的结清达成一致的，按照第20条（争议解决）的约定处理。

承包人应妥善做好已完工程和与工程有关的已购材料、工程设备的保护和移交工作，并将施工设备和人员撤出施工现场，发包人应为承包人撤出提供必要条件。

16.2 承包人违约

16.2.1　承包人违约的情形

在合同履行过程中发生的下列情形，属于承包人违约：

（1）承包人违反合同约定进行转包或违法分包的；

（2）承包人违反合同约定采购和使用不合格的材料和工程设备的；

（3）因承包人原因导致工程质量不符合合同要求的；

（4）承包人违反第 8.9 款（材料与设备专用要求）的约定，未经批准，私自将已按照合同约定进入施工现场的材料或设备撤离施工现场的；

（5）承包人未能按施工进度计划及时完成合同约定的工作，造成工期延误的；

（6）承包人在缺陷责任期及保修期内，未能在合理期限对工程缺陷进行修复，或拒绝按发包人要求进行修复的；

（7）承包人明确表示或者以其行为表明不履行合同主要义务的；

（8）承包人未能按照合同约定履行其他义务的。

承包人发生除本项第（7）条约定以外的其他违约情况时，监理人可向承包人发出整改通知，要求其在指定的期限内改正。

16.2.2　承包人违约的责任

承包人应承担因其违约行为而增加的费用和（或）延误的工期。此外，合同当事人可在专用合同条款中另行约定承包人违约责任的承担方式和计算方法。

16.2.3　因承包人违约解除合同

除专用合同条款另有约定外，出现第 16.2.1 项（承包人违约的情形）第（7）条约定的违约情况时，或监理人发出整改通知后，承包人在指定的合理期限内仍不纠正违约行为并致使合同目的不能实现的，发包人有权解除合同。合同解除后，因继续完成工程的需要，发包人有权使用承包人在施工现场的材料、设备、临时工程、承包人文件和由承包人或以其名义编制的其他文件，合同当事人应在专用合同条款约定相应费用的承担方式。发包人继续使用的行为不免除或减轻承包人应承担的违约责任。

16.2.4　因承包人违约解除合同后的处理

因承包人原因导致合同解除的，则合同当事人应在合同解除后 28 天内完成估价、付款和清算，并按以下约定执行：

（1）合同解除后，按第 4.4 款（商定或确定）商定或确定承包人实际完成工作对应的合同价款，以及承包人已提供的材料、工程设备、施工设备和临时工程等的价值；

（2）合同解除后，承包人应支付的违约金；

（3）合同解除后，因解除合同给发包人造成的损失；

（4）合同解除后，承包人应按照发包人要求和监理人的指示完成现场的清理和撤离；

（5）发包人和承包人应在合同解除后进行清算，出具最终结清付款证书，结清全部款项。

因承包人违约解除合同的，发包人有权暂停对承包人的付款，查清各项付款和已扣款项。发包人和承包人未能就合同解除后的清算和款项支付达成一致的，按照第 20 条（争议解决）的约定处理。

16.2.5　采购合同权益转让

因承包人违约解除合同的，发包人有权要求承包人将其为实施合同而签订的材料和设备的采购合同的权益转让给发包人，承包人应在收到解除合同通知后 14 天内，协助发包人与采购合同的供应商达成相关的转让协议。

16.3 第三人造成的违约

在履行合同过程中，一方当事人因第三人的原因造成违约的，应当向对方当事人承担违约责任。一方当事人和第三人之间的纠纷，依照法律规定或者按照约定解决。

17 不可抗力

17.1 不可抗力的确认

不可抗力是指合同当事人在签订合同时不可预见，在合同履行过程中不可避免且不能克服的自然灾害和社会性突发事件，如地震、海啸、瘟疫、骚乱、戒严、暴动、战争和专用合同条款中约定的其他情形。

不可抗力发生后，发包人和承包人应收集证明不可抗力发生及不可抗力造成损失的证据，并及时认真统计所造成的损失。合同当事人对是否属于不可抗力或其损失的意见不一致的，由监理人按第 4.4 款（商定或确定）的约定处理。发生争议时，按第 20 条（争议解决）的约定处理。

17.2 不可抗力的通知

合同一方当事人遇到不可抗力事件，使其履行合同义务受到阻碍时，应立即通知合同另一方当事人和监理人，书面说明不可抗力和受阻碍的详细情况，并提供必要的证明。

不可抗力持续发生的，合同一方当事人应及时向合同另一方当事人和监理人提交中间报告，说明不可抗力和履行合同受阻的情况，并于不可抗力事件结束后 28 天内提交最终报告及有关资料。

17.3 不可抗力后果的承担

17.3.1 不可抗力引起的后果及造成的损失由合同当事人按照法律规定及合同约定各自承担。不可抗力发生前已完成的工程应当按照合同约定进行计量支付。

17.3.2 不可抗力导致的人员伤亡、财产损失、费用增加和（或）工期延误等后果，由合同当事人按以下原则承担：

（1）永久工程、已运至施工现场的材料和工程设备的损坏，以及因工程损坏造成的第三人人员伤亡和财产损失由发包人承担；

（2）承包人施工设备的损坏由承包人承担；

（3）发包人和承包人承担各自人员伤亡和财产的损失；

（4）因不可抗力影响承包人履行合同约定的义务，已经引起或将引起工期延误的，应当顺延工期，由此导致承包人停工的费用损失由发包人和承包人合理分担，停工期间必须支付的工人工资由发包人承担；

（5）因不可抗力引起或将引起工期延误，发包人要求赶工的，由此增加的赶工费用由发包人承担；

（6）承包人在停工期间按照发包人要求照管、清理和修复工程的费用由发包人承担。

不可抗力发生后，合同当事人均应采取措施尽量避免和减少损失的扩大，任何一方当事人没有采取有效措施导致损失扩大的，应对扩大的损失承担责任。

因合同一方迟延履行合同义务，在迟延履行期间遭遇不可抗力的，不免除其违约责任。

17.4　因不可抗力解除合同

因不可抗力导致合同无法履行连续超过 84 天或累计超过 140 天的，发包人和承包人均有权解除合同。合同解除后，由双方当事人按照第 4.4 款（商定或确定）商定或确定发包人应支付的款项，该款项包括：

（1）合同解除前承包人已完成工作的价款；

（2）承包人为工程订购的并已交付给承包人，或承包人有责任接受交付的材料、工程设备和其他物品的价款；

（3）发包人要求承包人退货或解除订货合同而产生的费用，或因不能退货或解除合同而产生的损失；

（4）承包人撤离施工现场以及遣散承包人人员的费用；

（5）按照合同约定在合同解除前应支付给承包人的其他款项；

（6）扣减承包人按照合同约定应向发包人支付的款项；

（7）双方商定或确定的其他款项。

除专用合同条款另有约定外，合同解除后，发包人应在商定或确定上述款项后 28 天内完成上述款项的支付。

18 保险

18.1　工程保险

除专用合同条款另有约定外，发包人应投保建筑工程一切险或安装工程一切险；发包人委托承包人投保的，因投保产生的保险费和其他相关费用由发包人承担。

18.2　工伤保险

18.2.1　发包人应依照法律规定参加工伤保险，并为在施工现场的全部员工办理工伤保险，缴纳工伤保险费，并要求监理人及由发包人为履行合同聘请的第三方依法参加工伤保险。

18.2.2　承包人应依照法律规定参加工伤保险，并为其履行合同的全部员工办理工伤保险，缴纳工伤保险费，并要求分包人及由承包人为履行合同聘请的第三方依法参加工伤保险。

18.3　其他保险

发包人和承包人可以为其施工现场的全部人员办理意外伤害保险并支付保险费，包括其员工及为履行合同聘请的第三方的人员，具体事项由合同当事人在专用合同条款约定。

除专用合同条款另有约定外，承包人应为其施工设备等办理财产保险。

18.4　持续保险

合同当事人应与保险人保持联系，使保险人能够随时了解工程实施中的变动，并确保按保险合同条款要求持续保险。

18.5　保险凭证

合同当事人应及时向另一方当事人提交其已投保的各项保险的凭证和保险单复印件。

18.6　未按约定投保的补救

18.6.1　发包人未按合同约定办理保险，或未能使保险持续有效的，则承包人可代为办理，所需费用由发包人承担。发包人未按合同约定办理保险，导致未能得到足额赔偿的，由发包人负责补足。

18.6.2　承包人未按合同约定办理保险，或未能使保险持续有效的，则发包人可代为办理，所需费用由承包人承担。承包人未按合同约定办理保险，导致未能得到足额赔偿的，由承包人负责补足。

18.7　通知义务

除专用合同条款另有约定外，发包人变更除工伤保险之外的保险合同时，应事先征得承包人同意，并通知监理人；承包人变更除工伤保险之外的保险合同时，应事先征得发包人同意，并通知监理人。

保险事故发生时，投保人应按照保险合同规定的条件和期限及时向保险人报告。发包人和承包人应当在知道保险事故发生后及时通知对方。

19　索赔

19.1　承包人的索赔

根据合同约定，承包人认为有权得到追加付款和（或）延长工期的，应按以下程序向发包人提出索赔：

（1）承包人应在知道或应当知道索赔事件发生后28天内，向监理人递交索赔意向通知书，并说明发生索赔事件的事由；承包人未在前述28天内发出索赔意向通知书的，丧失要求追加付款和（或）延长工期的权利；

（2）承包人应在发出索赔意向通知书后28天内，向监理人正式递交索赔报告；索赔报告应详细说明索赔理由以及要求追加的付款金额和（或）延长的工期，并附必要的记录和证明材料；

（3）索赔事件具有持续影响的，承包人应按合理时间间隔继续递交延续索赔通知，说明持续影响的实际情况和记录，列出累计的追加付款金额和（或）工期延长天数；

（4）在索赔事件影响结束后28天内，承包人应向监理人递交最终索赔报告，说明最终要求索赔的追加付款金额和（或）延长的工期，并附必要的记录和证明材料。

19.2　对承包人索赔的处理

对承包人索赔的处理如下：

（1）监理人应在收到索赔报告后14天内完成审查并报送发包人。监理人对索赔报告存在异议的，有权要求承包人提交全部原始记录副本；

（2）发包人应在监理人收到索赔报告或有关索赔的进一步证明材料后的28天内，由监理人向承包人出具经发包人签认的索赔处理结果。发包人逾期答复的，则视为认可承包人的索赔要求；

（3）承包人接受索赔处理结果的，索赔款项在当期进度款中进行支付；承包人不接受索赔处理结果的，按照第20条（争议解决）约定处理。

19.3　发包人的索赔

根据合同约定，发包人认为有权得到赔付金额和（或）延长缺陷责任期的，监理人应向承包人发出通知并附有详细的证明。

发包人应在知道或应当知道索赔事件发生后28天内通过监理人向承包人提出索赔意向通知书，发包人未在前述28天内发出索赔意向通知书的，丧失要求赔付金额和（或）延长缺陷责任期的权利。发包人应在发出索赔意向通知书后28天内，通过监理人向承包人正式递交索赔报告。

19.4 对发包人索赔的处理

对发包人索赔的处理如下：

（1）承包人收到发包人提交的索赔报告后，应及时审查索赔报告的内容，查验发包人证明材料；

（2）承包人应在收到索赔报告或有关索赔的进一步证明材料后28天内，将索赔处理结果答复发包人。如果承包人未在上述期限内作出答复的，则视为对发包人索赔要求的认可；

（3）承包人接受索赔处理结果的，发包人可从应支付给承包人的合同价款中扣除赔付的金额或延长缺陷责任期；发包人不接受索赔处理结果的，按第20条（争议解决）约定处理。

19.5 提出索赔的期限

（1）承包人按第14.2款（竣工结算审核）约定接收竣工付款证书后，应被视为已无权再提出在工程接收证书颁发前所发生的任何索赔。

（2）承包人按第14.4款（最终结清）提交的最终结清申请单中，只限于提出工程接收证书颁发后发生的索赔。提出索赔的期限自接受最终结清证书时终止。

20 争议解决

20.1 和解

合同当事人可以就争议自行和解，自行和解达成协议的经双方签字并盖章后作为合同补充文件，双方均应遵照执行。

20.2 调解

合同当事人可以就争议请求建设行政主管部门、行业协会或其他第三方进行调解，调解达成协议的，经双方签字并盖章后作为合同补充文件，双方均应遵照执行。

20.3 争议评审

合同当事人在专用合同条款中约定采取争议评审方式解决争议以及评审规则，并按下列约定执行：

20.3.1 争议评审小组的确定

合同当事人可以共同选择一名或三名争议评审员，组成争议评审小组。除专用合同条款另有约定外，合同当事人应当自合同签订后28天内，或者争议发生后14天内，选定争议评审员。

选择一名争议评审员的，由合同当事人共同确定；选择三名争议评审员的，各自选定一名，第三名成员为首席争议评审员，由合同当事人共同确定或由合同当事人委托已选定的争议评审员共同确定，或由专用合同条款约定的评审机构指定第三名首席争议评审员。

除专用合同条款另有约定外，评审员报酬由发包人和承包人各承担一半。

20.3.2 争议评审小组的决定

合同当事人可在任何时间将与合同有关的任何争议共同提请争议评审小组进行评审。争议评审小组应秉持客观、公正原则，充分听取合同当事人的意见，依据相关法律、规范、标准、案例经验及商业惯例等，自收到争议评审申请报告后14天内作出书面决定，并说明理由。合同当事人可以在专用合同条款中对本项事项另行约定。

20.3.3　争议评审小组决定的效力

争议评审小组做出的书面决定经合同当事人签字确认后，对双方具有约束力，双方应遵照执行。

任何一方当事人不接受争议评审小组决定或不履行争议评审小组决定的，双方可选择采用其他争议解决方式。

20.4　仲裁或诉讼

因合同及合同有关事项产生的争议，合同当事人可以在专用合同条款中约定以下一种方式解决争议：

（1）向约定的仲裁委员会申请仲裁；

（2）向有管辖权的人民法院起诉。

20.5　争议解决条款效力

合同有关争议解决的条款独立存在，合同的变更、解除、终止、无效或者被撤销均不影响其效力。

第三部分　专 用 合 同 条 款

1　一般约定（以下省略具体内容，只列标题）

1.1　词语定义

1.2　法律

1.3　标准和规范

1.4　合同文件的优先顺序

1.5　图纸和承包人文件

1.6　联络

1.7　交通运输

1.8　知识产权

2　发包人

2.1　发包人代表

2.2　施工现场、施工条件和基础资料的提供

2.3　提供施工现场

2.4　资金来源证明及支付担保

3　承包人

3.1　承包人的一般义务

3.2　项目经理

3.3　承包人人员

3.4　分包

3.5　工程照管与成品、半成品保护

3.6　履约担保

4　监理人

4.1　监理人的一般规定

4.2　监理人员

4.3　商定或确定

5　工程质量

5.1　质量要求

5.2　隐蔽工程检查

6　安全文明施工与环境保护

6.1　安全文明施工

6.2　环境保护

7　工期和进度

7.1　施工组织设计

7.2　施工进度计划

7.3　开工

7.4　测量放线

7.5　工期延误

7.6　不利物质条件

7.7　异常恶劣的气候条件

7.8　提前竣工的奖励

8　材料与设备

8.1　材料与工程设备的保管与使用

8.2　样品

8.3　施工设备和临时设施

9　试验与检验

9.1　试验设备与试验人员

9.2　现场工艺试验

10　变更

10.1　变更的范围

10.2　变更估价

10.3　承包人的合理化建议

10.4　暂估价

10.5　暂列金额

11　价格调整

附录5　材料采购合同范本

合同编号：(　　)

甲方：________________________(以下简称甲方)

地址：____________________________________

乙方：________________________(以下简称乙方)

地址：____________________________________

依据《中华人民共和国合同法》等有关规定，本着诚实信用、平等互利的原则，经双方友好协商，就甲方________________项目____________材料事宜，签订本合同，以供双方共同遵守。

第一条　标的物如下：

序号	材料名称	规格型号	单位	单价（元）	金额（元）	备　注
货款金额（人民币）大写：						

注：1. 此价格为：含税价格/不含税价格，其中包括：材料费、运输费、装卸费、人工费、安装费、其他费用；
2. 当该材料的市场价格浮动较大的时候，乙方应以书面的形式出具通知书给甲方，如甲方同意则在7天内签字盖章确认并以新的价格作为结算价。

第二条　交货地点：______________________。

第三条　交货时间：甲方指定。

第四条　交货方式及费用负担：乙方在合同签订后开始供货，并将货物运送到甲方指定的地点后由______________负责签收确认。运输费及卸货费由乙方承担。(签收人：______________联系电话：______________)。

第五条　质量标准及异议期限

1. 乙方应严格按照相关材料的技术要求和国家（行业）的相关质量标准执行，确保所供材料的质量。

2. 甲方在收到货物后若有异议须在10日内以书面提出，如属质量问题由乙方负责。

第六条　验收方法

乙方须按甲方的要求送货，货到现场后，在现场车上或场地堆放后由甲方按物品的特性及行业惯例进行验收。如甲方认为乙方送货的数量与送货单数量不符的，则可以随时抽检，如数量超过误差范围的或有弄虚作假情形的，则必须向甲方赔偿即以少一赔十计算，如砂、石、石粉等散体运输货物，抽检结果的误差≤4%，亦可视为正常交货。

第七条　损耗责任：乙方货物在未经甲方验收前仍然由乙方自行承担相关风险及

责任。

第八条　付款方式

甲方每月26日至次月25日为一个统计月。乙方每月26日至次月10日前（遇甲方假期则顺延）将上月内所送货物的送货单（供货方保存联）汇总后向甲方指定人员提交对账清单，共同核对无误并签字确认后付款。

甲方货款采用支票形式支付。

除双方协商价格为不含税款外，乙方领取支票时应提供法定正规发票以及乙方收款委托证明，否则甲方有权不予支付或由甲方按8%税率代为扣税后向乙方支付税后货款。

甲方结款方式为：月结。甲方每月只支付乙方上月货款总额的80%，剩余20%待本工程完工并竣工验收后付清。

第九条　违约责任

1. 乙方在接到甲方订单后必须在____天内必须到货，除不可抗力外，每延误____天，甲方可按合同总额____‰作为履约赔偿金，并在货款中扣除，如延期____天，甲方有权终止双方合同并追究乙方相关经济责任。

2. 乙方提供的产品如因质量问题影响甲方不能顺利通过政府相关部门的验收，乙方必须承担由此引起的经济损失及相关法律责任。

3. 因不可抗力导致乙方无法如期交货，乙方应立即通知甲方，在影响因素消失后继续履行交货责任。

第十条　约定事项

1. 甲方应提前____天以电话或传真方式将用料计划（材料名称、数量、联系地点、负责人、签收人、电话等）通知乙方备料。如有变动，甲方必须以传真的方式通知乙方。

2. 乙方在同意并确定供货后，如不能及时供货，则所有损失由乙方负责，甲方有权终止合同。

3. 乙方工作人员送货到甲方所指定的工地时，必须服从工地收货人员的指挥，将材料卸放在指定的位置，如因不听从指挥乱堆放而造成工期延误或其他损坏的，则由乙方承担全部责任。

4. 乙方工作人员进入甲方项目工地后必须洁身自爱。如发现乙方工作人员与工地相关人员一起骗取或以小作大造成供货数量与签收数量不一致的；乙方工作人员有偷盗甲方项目工地财物行为的。一经甲方工作人员发现或举报，甲方即以“少一赔十”的原则在乙方货款中抵扣赔偿金额，情节严重者，甲方有权追究乙方相关的经济法律责任并交由公安机关处理。

第十一条　其他事宜

1. 本合同经双方协商一致后可以变更或解除；未尽事宜双方可协商制定补充协议，补充协议与本合同具有具等法律效力；如因不可抗力或生产事故不能按期交货的，乙方必须出具有关证明及时通知甲方，双方可根据实际情况协商变更或解除合同。

2. 执行本合同发生争议时，由当事人协商解决，若协商不成，可向有管辖权的人民法院提起诉讼。

3. 乙方在收款时必须提供公司的营业执照及税务登记证复印件各一份并加盖公章。

4. 本合同一式两份，计附件共__页，甲、乙双方各执一份，自甲、乙双方代表签字及盖章生效，双方结清货款后自动失效。

5. 未尽义务双方可共同协商解决。

甲方（盖章）：
法定代表人：
委托代理人：
联系电话：
日　期：

乙方（盖章）：
法定代表人：
委托代理人：
联系电话：
日　期：

附录6 劳务合同范本

用工单位（甲方）				派遣单位（乙方）			
法定代表人				法定代表人			
地址				地址			
电话		传真		电话		传真	

根据《中华人民共和国合同法》和《中华人民共和国劳动合同法》等有关法律、法规的规定，甲、乙双方本着平等互利的原则，就乙方为甲方提供劳务派遣服务事宜达成本协议（以下简称“本协议”）。

一、总则

第一条　劳务派遣关系

甲方与乙方签订本协议建立劳务关系；甲方与派遣员工的关系为有偿使用关系；乙方与派遣员工签订劳动合同，建立劳动关系。

第二条　协议期限

本协议期限自____年____月____日起至____年____月____日止，有效期____年。派遣期限不得少于__年。

第三条　派遣员工数量

本协议签订时，由乙方派往甲方的派遣员工共____人（具体名单详见《派遣员工确认表》）。在本协议履行期间派遣员工数量变更的，以实际人员数量为准。

第四条 用工条件

乙方给甲方派遣的员工必须符合下列条件：

（一）基本要求

学历____；年龄____；性别____；工作经验____。

（二）技能要求：______________________________。

（三）其他：______________________________________。

第五条　用工规则

（一）乙方派遣员工应符合甲方的用工条件，必须遵守国家法律、法规，遵守甲方的各项规章制度，忠于职守，诚实守信，作风正派，服从甲方的管理和工作安排，积极完成甲方分配的各项任务。乙方应按照国家和地方的法律、法规及政策规定，及时为被派遣员工办理录用备案、劳动合同签订等各项用工手续。处理涉及被派遣员工劳动关系的有关事宜，负责建立、接转被派遣员工档案。

（二）甲方应为派遣员工提供符合国家规定的劳动保护措施及符合国家标准的卫生和安全条件，并提供派遣员工工作所必需的设备（工具）。

（三）乙方派遣员工与甲方员工实行同工同酬、同福利，派遣员工与甲方员工在遵守规章制度、劳动纪律和履行劳动义务上一律平等。甲方按月向乙方支付派遣员工的工资、社会保险、住房公积金等费用，乙方应按时足额发放派遣员工的劳务报酬，并为派遣员工按时、足额缴纳国家规定的各项保险，办理派遣员工在甲方工作期间各项保险的申报、申领、保险关系转移、理赔等相关手续，乙方应保证被派遣员工到达甲方时社会保险关系清楚。派遣员工的工作内容若有变动，甲方应该及时书面通知乙方办理相关手续。

（四）派遣员工在甲方工作期间内的福利待遇按甲方的相关制度及管理办法执行；派遣员工的升职条件、服务范围、工作职责、工作地点等由甲方确定。

（五）派遣员工的工作时间和休息休假由甲方按照国家法律法规规定执行。

（六）乙方派遣员工在甲方执行____工作制，超时加班的，甲方应当按照国家规定向派遣员工支付加班报酬。

（七）乙方派遣员工签订不少于两年的劳动合同，试用期不得超过二个月，试用期工资标准不得低于____元/月，转正后工资标准不得低于____元/月。

（八）乙方应派专人协调甲方与派遣员工之间的关系，负责派遣员工的日常管理，处理劳动争议及其他与务工有关的事宜。

二、劳务费用结算

第六条　劳务费用构成

按本协议约定实施劳务派遣后，甲方按月向乙方支付劳务费用。劳务费用的构成及标准如下：

（一）派遣员工的劳动报酬

按照甲方绩效考核制度发放，并由甲方向乙方提供劳动报酬清单。

（二）社会保险费

甲方分月按____市社会保险规定向乙方支付派遣员工的养老、医疗、工伤、生育、失业保险费用，其缴费数额由乙方按国家和____市地方规定进行计算。

（三）住房公积金

甲方分月按××市住房公积金缴费规定向乙方支付派遣员工的住房公积金，其缴费数额由乙方按甲方确定的比例进行计算。

（四）派遣服务费

甲方按月向乙方支付派遣服务费，派遣服务费按每名派遣员工每月____元的标准支付。

（五）其他费用

如档案保管费、体检费、旅游费、书报费、商业保险费、员工福利等除派遣服务费以外的其他费用，由甲方单独支付。

第七条　结算规则

（一）每月费用结算日为____日；劳务费用支付日为____日前。

（二）费用结算期：甲方按月支付乙方劳务派遣费用，一个日历月份为一个劳务派遣费用结算期，即：从每个月的1日起至月末的最后1日止。

（三）派遣员工劳动报酬的结算：根据甲方向乙方提供的劳动报酬清单结算。

（四）社会保险费的结算：甲方应在每月____日前以书面形式将人员增减情况通知乙方，办理社会保险增加或停缴手续。依据____市社会保险规定结算社保费用，终止社会保险关系的当月，甲方照常支付社会保险费用。除派遣员工个人原因外，劳动合同解除或终止时间晚于终止社会保险参保时限的，甲方照常支付次月的社会保险费用。

（五）住房公积金结算：甲方应在每月____日前以书面形式将人员增减情况通知乙方，办理住房公积金的增加或停缴手续。依据甲方确定的缴费比例结算住房公积金。

（六）派遣服务费的结算：不足一个月按日计算，全月按____个工作日计算。

（七）其他费用的结算：按甲方确定的数额进行结算。

（八）在费用结算日之后发生的一切变动在下月进行结算和支付。

（九）乙方银行账户

企业名称：

开 户 行：

账　　号：

第八条　费用结算方法

（一）甲方每月________前根据乙方派遣员工实际完成工作量、考勤资料及劳动纪律等情况向乙方提供上月派遣员工的劳动报酬清单，每月____前乙方给甲方出具所有劳务费结算清单，经双方确认无误后，乙方开具发票，每月____日（费用支付日）甲方将上月劳务费用打入乙方账户。

（二）乙方须在每月____日按时足额将上月派遣员工的劳动报酬发放到派遣员工的工资卡内。遇国家法定节假日提前发放，特殊情况可适当顺延，但不得超过2个工作日。

三、劳务派遣工作程序

第九条　甲乙双方约定，按以下程序进行劳务派遣：

（一）提供录用人员名单

甲方将录用人员的姓名、性别、身份证号、联系电话等信息提供给乙方。

（二）体检

乙方通知并组织录用人员到甲方指定医院进行体检，体检费用由甲方支付。

（三）乙方给甲方出具《派遣员工接收函》并附上体检报告，与甲方商洽是否同意接受体检合格人员派往甲方工作。

（四）甲方在《派遣员工确认表》上盖章，作为甲方接受派遣员工及结算劳务费用和乙方与派遣员工签订《劳动合同》的依据。

（五）与派遣员工签订《劳动合同》

乙方及时通知体检合格并与甲方同意派遣的人员签订《劳动合同》，建立劳动关系，并按甲方要求及时将乙方雇用的员工派遣至甲方工作。

（六）甲方凭以下相关资料接收派遣员工：

1. 乙方出具的派遣用工通知单。

2. 派遣员工身份证原件。

3. 乙方与派遣员工签订的《劳动合同》。

（七）由乙方对派遣员工实施劳务派遣的日常管理，甲方对派遣员工实施用工管理。

四、派遣员工的退回

第十条　对于乙方派出的派遣员工，有下例情形之一的，甲方可随时退回乙方且不需支付经济补偿金。其中，甲方以第（一）、（二）、（三）条所述情形为由退回乙方派遣员工，须提供相应证据。

（一）在试用期间被证明不符合派遣员工用工条件的；

（二）严重违反甲方的规章制度的；

（三）严重失职、营私舞弊给甲方造成重大损害的；

（四）被治安处罚、劳动教养等严厉行政处罚的或依法追究刑事责任的。

（五）从事兼职工作，对完成甲方工作任务造成影响的；

（六）不服从甲方工作安排的；

（七）不胜任工作的；

（八）在甲方工作期间连续或累计缺勤一个月及以上的（法定节假日、婚假、丧假、产假、陪产假、节育假、带薪年休假不计入缺勤期）；

（九）派遣期未满，派遣员工提出停止派遣或擅自离岗的。

第十一条　派遣员工在甲方工作期间，有下列情形之一的，甲方需提前35天通知乙方或者额外支付派遣员工一个月工资，并按照《劳动合同法》第四十六条、第四十七条相关规定一次性支付经济赔偿金后，甲方可将派遣员工退回乙方。

（一）患病或者非因工负伤，在规定的医疗期满后不能从事原工作，也不能从事甲方另行安排的工作的；

（二）乙方与派遣员工签订劳动合同时所依据的客观情况发生重大变化，致使劳动合同无法履行，经乙方与派遣员工协商，未能就变更劳动合同内容达成协议的。

（三）甲方因破产、生产经营发生严重困难、转产、重大技术革新或者经营方式调整，将乙方派遣员工退回，或者终止本协议的。

第十二条　派遣员工在甲方工作期间，有下列情形之一的，甲方不得将派遣员工退回乙方。甲方在本条相应的情形消失时并按《劳动合同法》等法规规定支付经济补偿金等相关费用后，可将派遣员工退回乙方。

（一）从事接触职业病危害作业的劳动者未进行离岗前职业健康检查，或者疑似职业病病人在诊断或者医学观察期间的；

（二）患病、因工负伤或者非因工负伤，在规定的医疗期内的；

（三）女职工在孕期、产期、哺乳期的。

第十三条　有下列情形之一，甲方向乙方支付经济补偿金后，可将派遣员工退回乙方。

（一）甲方非因本协议中第十条规定的情形退回派遣员工；

（二）乙方与派遣员工的《劳动合同》期满，甲方不再接受劳务派遣的；

（三）甲方由于调整生产、变更组织结构等原因导致本协议无法履行的。

五、双方约定事项

第十四条　乙方应按本协议规定的标准足额支付被派遣员工的劳动报酬、购买社会保险和商业保险。不得克扣被派遣员工的劳动报酬；不得占用，挪用甲方拨付给乙方用于支付被派遣员工的劳动报酬、购买社会和商业保险的经费。

第十五条　甲乙双方对本合同的内容，以及在本协议履行过程中获得的对方信息，均负有保密的义务。除甲乙双方另有约定外，保密信息包括但不限于本协议报价、协议文本、员工的基本信息以及双方其他业务往来文件。

第十六条　甲方给乙方应提供一份依据国家有关法律、法规制定的规章制度，并以此对乙方派遣员工进行用工管理。

第十七条　甲方负责对派遣员工进行岗前业务及技能培训。甲方若出资对派遣员工进行业务、技能培训的，甲方有权与派遣员工签订培训服务合同，约定服务期及违约责任，并书面通知乙方。

第十八条　因乙方派遣员工的个人行为，给甲方造成经济损失或给甲方的信誉、形象造成不良影响的，甲方有权追究当事者的法律责任和经济赔偿责任，乙方有义务协助追偿。

第十九条　甲方不得将乙方派遣员工再派遣到其他用工单位，不得向派遣员工收取费用。

第二十条　乙方派遣员工因故停止在甲方从事劳务工作或与乙方解除、终止劳动合同时，乙方应当在该派遣员工提交了已向甲方交接工作的书面手续后方能为其办理相关手续。

第二十一条　乙方应将派遣员工劳动合同期满的日期，提前40～50天，以书面的形式告知甲方，征求其是否续用。甲方在收到乙方关于派遣员工劳动合同期满日期的通知后，应在派遣员工劳动合同期满前35天，以书面的形式告知乙方是否续用。

第二十二条　乙方派遣员工在甲方工作期间发生因工负伤、致残、死亡等事故及不可预测的人身伤害或生病、病逝等，甲方应积极组织救治，及时通知乙方，并将相应资料移交乙方，由乙方按国家和医疗保险、工伤保险的有关政策，在规定的期限内为派遣员工办理医疗费用报销、工伤事故申报、工伤认定及劳动能力鉴定等相关事宜。涉及应由单位支付的费用，由甲方按照国家相关政策规定的标准承担支付责任。派遣员工工伤医疗期间及因病、非工伤规定的医疗期间，乙方应支付给派遣员工的工资待遇由甲方按“劳务报酬标准”承担。

第二十三条　本协议期限内每逢一个新的年度，甲方向乙方支付社会保险费、住房公积金的标准，应按照××市当地政府颁布的社会保险、住房公积金费用调整比例做相应的调整。乙方应在当地政府公布新标准后，以书面形式及时通知甲方，甲方据此调整保险费的数额。同时，甲乙双方均有权根据物价上涨情况及经济总体状况，共同商量派遣服务费的增减。

六、违约责任

第二十四条　甲方有下列情形之一，当派遣员工与乙方解除劳动合同时，甲方应当承担相应的经济补偿和赔偿责任：

（一）未按照国家有关法律、法规、政策规定向派遣员工提供劳动保护或者劳动条件的；

（二）不予乙方结算或不按时足额向乙方支付应承担的社会保险而导致乙方未能依法为派遣员工缴纳社会保险的；

（三）未及时向乙方支付派遣员工工资费用，导致乙方不能及时支付派遣员工工资的；

（四）甲方的规章制度违反法律、法规的规定，损害派遣员工权益的；

（五）甲方以暴力、威胁或者非法限制人身自由的手段强迫派遣员工劳动的，或者甲方违章指挥、强令冒险作业危及派遣员工人身安全的。

第二十五条　甲方无乙方认定的正当理由而延迟（包括全部或部分劳务费付款延迟）向乙方付款时，每延迟一日按应付款的______‰向乙方支付滞纳金。如延迟时间超过一个月，在乙方提出支付要求后一个月内，甲方仍未履行支付义务，乙方有权提前10日通知甲方解除本协议、撤回员工。同时，甲方须向乙方支付所拖欠的劳务费、员工剩余聘用期限的工资及国家和地方政府规定的其他相关费用。

第二十六条　乙方有下列行为之一，应当承担违约责任，向甲方支付违约金__元；给甲方生产经营工作造成严重影响的，甲方有权通知乙方解除本协议：

乙方不能按本协议约定派遣员工；

克扣劳务人员薪酬福利，影响到甲方生产经营工作的；

对甲方的派遣员工同时又安排其他公司工作的；

在派遣期间擅自将派遣员工从甲方抽走的。

第二十七条　甲乙双方应按照本协议所约定内容，履行各自的义务，不履行或不完全履行义务引起的相关责任由责任方承担。

第二十八条　因违反本协议的有关规定而产生的仲裁或诉讼费用，全部费用由责任方承担。

七、争议解决

第二十九条　甲、乙双方对本协议若有争议，应本着友好协商和妥善处理派遣员工利益的原则加以解决，如协商不成，则由本协议履行地的人民法院裁决。

第三十条　甲方与派遣员工发生劳务争议或纠纷，应先由甲方与派遣员工协商；如果双方协商不成，由甲方、乙方、派遣员工三方协商；如果三方协商不成，乙方负责处理与劳动、司法等部门的相关事宜。

八、协议的变更和终止

第三十一条　协议变更

本协议在履行过程中，如果法律法规及相关政策的有关规定发生变化，甲、乙双方应及时根据变化后的情况进行协商和变更本协议的相关约定。

第三十二条　协议终止

（一）本协议期满自然终止。如协议期满前30日内，甲乙双方均未以书面形式提出不予续签的意见，则视为本协议自动续签______年。

（二）当乙方不能履行本协议的义务和责任或服务质量较差，经甲方提出拒不改正时，甲方有权终止本协议。

（三）当甲方严重违反国家政府有关劳动时间、劳动保护、安全卫生等规定进行生产，经乙方提出后拒不改正时或当甲方向乙方付款延迟时间超过一个月，在乙方提出支付要求后一个月内，甲方仍未履行支付义务时，乙方有权终止本协议。

当终止本协议时，甲方应向乙方付清所欠的劳务费用及国家和地方政府规定的其他相关费用，所欠款项全部划入乙方账户后方可终止。

九、其他

第三十三条　本协议未尽事宜，由双方协商一致后，另行签订补充协议，补充协议与本协议不一致处，以补充协议为准。

第三十四条　本协议一式四份，经双方签字盖章后生效；甲、乙双方各执二份，具有同等法律效力。

甲方（盖章）：________________　乙方（盖章）：________________

法定代表人或　法定代理人或

委托代理人签章：________________　委托代理人签章：________________

住　所：________________　住　所：________________

联系人：________________　联系人：________________

日　期：________________　日　期：________________